普通高等教育电子信息类系列教材

嵌入式系统设计与实践

主 编　赵　婧　魏　彬　张明书

副主编　苏　阳　刘龙飞　申军伟　肖海燕

U0169971

西安电子科技大学出版社

内 容 简 介

　　嵌入式系统发展势头迅猛，其典型代表 51 系列单片机具有向下兼容性，是学习嵌入式系统设计及应用的最佳基础平台。本书以实用为目标，以应用为牵引，用众多实例详细讲解了嵌入式系统软、硬件开发所必需的技术。

　　全书共分八章，分别是：走近嵌入式系统、Keil C51 和 Proteus、跑马灯设计与实践、数码管显示器设计与实践、键盘设计与实践、中断系统设计与实践、蜂鸣器系统设计与实践、综合系统设计与实践。附录中给出了习题及参考答案，以方便读者自学。

　　本书可作为各类本、专科院校嵌入式系统原理及应用课程的教材，也可用作相关研究生的扩展读物，还可供各类电子、自动化技术人员参考。

图书在版编目(CIP)数据

嵌入式系统设计与实践 / 赵婧，魏彬，张明书主编. —西安：西安电子科技大学出版社，
2021.5
ISBN 978-7-5606-5993-0

Ⅰ.①嵌…　Ⅱ.①赵…　②魏…　③张…　Ⅲ.①微型计算机—系统设计　Ⅳ.①TP360.21

中国版本图书馆 CIP 数据核字(2021)第 031270 号

策划编辑　刘玉芳　毛红兵
责任编辑　宁晓蓉
出版发行　西安电子科技大学出版社(西安市太白南路 2 号)
电　　话　(029)88242885　88201467　　　　邮　　编　710071
网　　址　www.xduph.com　　　　　　　　电子邮箱　xdupfxb001@163.com
经　　销　新华书店
印刷单位　陕西天意印务有限责任公司
版　　次　2021 年 5 月第 1 版　　2021 年 5 月第 1 次印刷
开　　本　787 毫米×1092 毫米　1/16　印张 12.5
字　　数　292 千字
印　　数　1～2000 册
定　　价　30.00 元
ISBN　978-7-5606-5993-0 / TP
XDUP 6295001-1
如有印装问题可调换

前　　言

随着嵌入式系统技术的不断发展以及广泛应用，理解和掌握嵌入式系统相关硬件原理及软件设计方法成为高等学校计算机相关专业学生所应具备的核心能力。

本书就是为满足高校师生及技术开发人员学习嵌入式系统原理的需要而编写的。

如何学习嵌入式系统，如何快速掌握这门技术，是初学者所遇到的最大的问题。嵌入式技术的发展日新月异、产品系列繁多，给初学者造成了极大的困扰。针对这些问题，我们选择了较为基础的型号进行讲解，以期让同学们厘清概念，打好基础。

实践是检验真理的唯一标准，因此本书以实践为重点，坚持"做中学，边学边做"的理念。由于51系列单片机具有向下兼容性，是学习嵌入式系统设计及应用的最佳基础平台，因此本书以51系列单片机为对象，通过多个应用实例，详细介绍其内部结构、功能原理与应用实践，并在此基础上强调51单片机的外部特征，以突出其在实际应用中的性能特点。

本书共分为八章，内容由浅入深，由感性认识到理性认知，最后利用综合实例对所学知识进行固化，使读者最大程度地掌握系统开发流程。

本书由西京学院赵婧和武警工程大学魏彬等人合作完成，其中赵婧负责第一、三、六、七、八章的撰写工作，魏彬和张明书负责第四、五章的撰写，苏阳和刘龙飞负责第二章及附录的撰写，申军伟和肖海燕负责全书的统稿和校对工作。本书受教育部人文社会科学研究青年基金项目(编号：19XJC860006)资助完成。另外，部分学生也为本书的写作提供了帮助，他们是：郭庆庆、吕可、郭旭辉、梁振、孙静、刘越、杨坤、祝玮晨、马涛、邓瑞瑞、郭梓龙、赵智伟、王俊璐、万宇轩、魏元泽、白亚丽、刘浩泽。在此向他们表示衷心的感谢！

限于编者水平，书中疏漏和不妥之处在所难免，恳请读者给予批评和指正。

编　者
2020 年 9 月

目　　录

第 1 章　走近嵌入式系统

　　经过几十年的发展，嵌入式系统已经在很大程度上改变了人们的生活、工作和娱乐方式，而且这些改变还在加速。作为一门重要的专业基础课程，单片机和嵌入式系统原理可以将我们前期学习的数字电路、计算机硬件技术基础、CAD 设计等课程的内容融会贯通，并最终落实到实际的硬件编程和开发中去。通过学习这门课程，可训练自己开发和设计软硬件作品的能力，并参加全国大学生信息安全竞赛、电子设计竞赛、程序设计竞赛等。今后走向工作岗位，也可以利用自己掌握的单片机知识来改进或维护单位的一些电子和机械设备。无论大家是出于何种目的来学习这门课程，应该说，学好这门课程都是很有意义的。

　　近年来，随着计算机技术及集成电路技术的发展，嵌入式技术日渐普及，在通信、网络、工控、医疗、电子等领域发挥着越来越重要的作用。嵌入式系统正在成为当前最热门、最有发展前途的 IT 应用领域之一。

1.1　我们身边的嵌入式系统

　　嵌入式系统在很多领域得到了广泛的应用，如工业自动化、国防、运输和航天等。例如神舟飞船和长征火箭中就有很多嵌入式系统，导弹的制导系统也是嵌入式系统，高档汽车中也有多达几十个嵌入式系统。

　　在日常生活中，人们也在使用各种嵌入式系统，但却未必意识到它们的存在。事实上，几乎所有带有一点"智能"的家电(全自动洗衣机、微电脑电饭煲等)都是嵌入式系统的应用。嵌入式系统广泛的适应能力和多样性，使得视听产品、办公设备甚至健身器材中到处都有它的身影。

1. 非接触式智能温度计

　　2020 年一场突如其来的疫情席卷全球，非接触智能温度计随之走进普通家庭的视野，它是现代检测技术的重要组成部分，是微型处理器的一个典型应用。为满足日常生活、工业生产和科学研究等领域对温度测量的需要，温度计开始向着数字化、智能化控制方向发展。基于单片机的智能温度计与传统的温度计相比具有读数方便准确、测温范围广等优势。传感器是温度计的主要组成部分，其灵敏度决定了温度计的精确度、测量范围、控制范围和主要用途等，而 MLX90614 红外热电堆传感器与 STC12C5A60S2 单片机相结合，即可构成性能良好的非接触式智能温度计。

2. 公交自动语音报站系统

当今社会的高速发展，给城市的公共交通带来了严峻的考验，为了应对这一现象，城市中的交通网络也在不断地完善。公交车是人们出行的主要公共交通工具，公交车到站信息播报和下一站提醒给人们的出行提供了便利。公交车自动语音报站系统可自动播报公交车所在站点的语音信息，当车离开站点后对即将到达的下一站进行预报，同时将站点信息以文字的形式在液晶屏幕上进行同步显示。自动语音报站系统由以下几个部分构成：单片机控制电路及外部时钟电路、公交车语音信息录制电路、公交车语音信息播报电路、站点信息文字显示电路、站点信息复位电路、控制站点信息的键盘按键电路以及其他外围电路。该系统利用 AT89C51 单片机控制 LCD1602 液晶显示屏幕进行站点信息的文字显示，通过控制 ISD2560 语音芯片完成语音信息的录制和播放，通过键盘按键来控制信息播报，其设计简单且操作方便，体积小、重量轻、价格低，具有实际应用价值。

3. 苹果储存仓库自动控制系统

随着科技的发展，我国农业产业也在不断地优化调整，进一步强化农业机械化与信息智能化的融合，已成为大势所趋。苹果作为我国的特色农产品，一直以来它的仓库储存都是非常重要的环节，储存空间的有效利用、苹果的品质和存储时间等都是苹果储存的重要参数。阿里巴巴、亚马逊、京东商城作为行业规模最大的几大电商公司，它们都采用了由人工系统创建的智能仓库。国内外专家也从不同角度对苹果储存的仓库进行了研究，提出了很多人工智能化、自动化、机械化方面的参考意见，实现了自动化仓库。苹果储存仓库自动控制系统采用单片机作为主控制器，可以实现苹果大小的自动分类、空位检测、温湿度智能控制，实现了苹果的智能储存，延长了苹果的保鲜时间，为企业降低了存储成本，提高了果品的市场竞争力和企业的经济效益。

4. 家用智能台灯自动控制系统

台灯是现如今人们在夜晚必不可少的一样家用电器。从夜晚的高空中俯瞰灯火通明的繁华都市，可以看到由无数家庭灯光、道路灯光所组成的"星河"，我们的家园被装饰得无比美丽。但这份美丽不是没有代价的，据统计，如果全球每 60 人中有一人在晚上关灯 1 小时，就能减少二氧化碳排放 60 万吨，随手关灯等小习惯节省下的资源是非常庞大的。但即使到处贴着"随手关灯"也会有人遗忘，而人们要在黑暗中寻找开关也很不方便，智能台灯由此应运而生，它利用单片机作为核心控制器，当有人在附近的时候台灯才会打开。智能台灯可以自动检测室内光强，且灯光的亮暗直接和光照强度关联，可以自动调节亮度以达到节约电能的目的。智能台灯使用了语音控制命令，如果检测到语音"台灯开启"或"台灯关闭"，可以自动全亮度开灯或关灯。这种人走灯灭、智能语音控制的设计省去了人们不少精力，使生活更加便捷。

5. 家用智能鞋柜控制系统

长期以来，国内家具行业对鞋柜的生产改进大多只能体现在材料和外观造型上。随着人们生活的改善和生活水平的提高，家居的概念无时无刻不在发生着变化。例如对于鞋的日常保养护理，传统鞋柜只能起到简单的存放作用，不能达到祛湿防毒和杀菌除臭的效果，家用智能鞋柜的推出使得普通鞋柜扩展为智能化、保健类的产品。智能鞋柜使用单片机 STC89C52RC 作为主控器，DHT11 数字式温湿度传感器作为采集元件，采集鞋柜内的温度和湿度，用紫外线灯作为鞋柜的杀菌装置，用三匠(ARX) FH1260-A2042E 型散热风扇给柜内除臭，用 PTC 加热板对鞋柜内进行烘干除湿处理，实现鞋柜的智能控制。

6. 智能窗帘控制系统

智能技术在现代生活中越来越受欢迎，各式各样的智能机器和家居设备不断推出，人们对智能产品具有了越来越高的需求。智能窗帘是一款光照强度、温湿度以及语音输入三种控制方式相结合的智能控制系统。其采用 STC15F2K60S2 单片机作为主控器，通过光线检测传感器、温湿度检测传感器检测室外光线强弱、温湿度情况，将检测到的信号送入主控器，主控器根据输入的信号实现对窗帘的自动控制。智能窗帘可通过语音输入模块给定具体开、关窗帘信号，主控器再将输入的信号加以分析和处理来实现对窗帘的开关控制，在控制过程中，语音输入模块处于最高优先级。光线传感器、温湿度传感器以及语音输入模块的相互结合实现对窗帘的智能控制，控制方式多样化，在不同方面尽可能满足用户的最大需求，为人们生活提供了极大的便利。

7. 智能交通灯

交通是城市经济活动的命脉，对城市经济发展、人民生活水平的提高起着十分重要的作用。随着经济的发展、人民生活水平的提高，城市道路交通拥堵问题日益严峻，使用合理的交通灯可以合理地规划城市交通，从而为城市的快速发展提供最优化的交通解决方案。通过红外传感器自动检测车流量，在紧急情况下能够实现手动切换信号灯让特殊车辆优先通行。随着数字智能技术在通信和控制领域的应用，交通信号控制系统不断优化，逐渐由孤立路口的控制发展为大规模区域网络控制，由定时控制转向自适应控制，集中控制向分布式协同控制的方向发展，传统城市交通网也将被智能交通网络所取代。

8. 车位检测控制系统

随着汽车成为大多数家庭的必需品，对停车位的需求也越来越紧迫。停车场的停车系统智能化尤为关键，其应具有汽车进出手续简单，自动车牌识别，车位自动检测、统计显示以及自动收费等功能，可大大提高整个停车场的使用效率。停车场车位检测控制系统以 STC89C51RC 单片机为主控器件，根据红外感应系统检测车辆的进出情况来控制闸杆机的起落，控制车辆进出，通过液晶显示屏来显示进、出、剩余车位的数量，用户可以通过手机发送信息给 SIM900A 模块，SIM900A 给用户反馈一条停车场车辆停留情况的信息，从而实现对大型停车场的智能化管理。

9. 智能阳台控制系统

随着国家经济水平的发展，人们越来越多地追求个性化、简单化、自动化的生活方式，对家中装修的要求也越来越高，生活家居人性化、智能化的要求使智能控制技术在智能家居电子产品中得到了广泛应用。伴随着智能家居的快速发展，阳台的智能化发展明显落后。智能阳台控制系统采用 STM32F103 单片机为主控器，通过温湿度传感器 DHT11 采集阳台温湿度值；通过语音输入模块实现对晾衣杆的升降控制；用 0.96 寸 OLED 液晶显示器显示测量和设定值及工作状态。系统实现了智能阳台的功能，控制简单、成本低、性价比高，具有广阔的市场空间和应用前景。

10. 便携式手提洗衣机控制器

洗衣机是每个家庭不可或缺的,从古代的棍棒敲打纯手洗到今天的智能洗衣机,其发展十分迅速,大型的老式洗衣机已经不能满足人们需求,终将被淘汰,而被时代所接受的会是更智能、更便捷的洗衣机,更加趋向于微电脑智能化。基于单片机的便携式手提洗衣机有五个模块,分别是语音控制模块、水位检测模块、洗涤转动模块、甩干模块、蜂鸣器报警模块。当按下启动按键或者语音输入"开始"时,系统开始进水,共有五个水位挡;当水位传感器检测到水位达到设定值时,自动进入下一步洗涤模式,步进电机转动模拟洗衣机洗涤;规定洗涤时间结束后步进电机停止;水位传感器同样检测到水位达到设定值后开始甩干模式,洗衣结束后蜂鸣器报警。

11. 智能垃圾桶控制器

垃圾分类已成为社会关注的热点问题,垃圾桶的种类也越来越多。随着社会的不断发展,人们从保护环境不乱丢垃圾,到对垃圾进行分类,生态文明意识和环保科学素养进一步提升。现在,使用者不仅仅看重垃圾桶的实用性,其智能性和美观性也越来越重要。为了适应环境保护的需求,智能分类垃圾桶正在慢慢贴近我们的生活。智能垃圾桶以 52 单片机为主控制器,由步进电机模块、报警电路模块、语音提示模块、红外检测模块组成。当垃圾桶的感应范围内出现人体时会自动打开桶盖,开始语音提示什么类型的垃圾应该投入什么颜色的垃圾桶;在垃圾将填满垃圾桶时,垃圾桶会发出报警。

12. 智能浴室自动控制系统

随着科技的不断发展,人们对浴室产品的要求也越来越高,智能浴室控制系统逐渐被应用在居家生活当中,其可根据居家环境对浴室进行自动控制,给人们的生活带来极大的方便。智能浴室控制系统以 STC89C52 单片机为主控制器,采用 LD3320 语音识别模块对淋浴水温进行语音控制;采用 DHT11 温湿度传感器实时检测温湿度,温度过高、湿度过高时开启风扇;采用 MQ2 检测有害气体浓度,有害气体浓度过高时风扇运行,蜂鸣器报警;同时还实时显示当前的温湿度以及淋浴水温和烟雾浓度。

1.2 认识嵌入式系统

在现代计算机发展史上,嵌入式计算机系统的出现是一个伟大的突破,具有划时代的意义。嵌入式计算机系统简称嵌入式系统,尽管它诞生于微型计算机时代,但最终走上了与通用计算机完全不同的发展道路。人们习惯将 2000 年前称为 PC(Personal Computer)时代,而将 2000 年之后称为后 PC 时代,表明计算机发展水平达到了一个新的阶段。后 PC 时代显著的标志是将计算机、通信和消费产品的技术结合起来,形成 3C 产品。

后 PC 时代以网络应用为主,各种电子设备都具备上网功能,而不需要通过计算机上网,个人计算机的部分功能被取代。嵌入式系统常用的应用领域包括过程控制、汽车制造、办公自动化、通信、机器人、航空航天装备以及消费类电子产品等。

1. 嵌入式系统定义

根据国际电气和工程师协会所做的定义,嵌入式系统是控制、监视或辅助某个设备、机器或工厂运作的装置。它具有下列四项特性：用来执行特定功能；以微型计算机和周边外设为核心；需要严格的时序和稳定度；会自动循环操作。

目前国内很多嵌入式系统的书籍以及行业普遍认同的定义是：嵌入式系统是以应用为中心，以计算机技术为基础，具有可裁剪软件和硬件，对功能、成本、体积、可靠性、功耗等指标有严格要求的专用计算机系统。它是先进的计算机技术、半导体技术和电子技术同具体应用相结合的产物，一般由嵌入式处理器、嵌入式操作系统以及用户的应用功能程序三个部分组成。

2. 嵌入式系统结构

由于嵌入式系统与通用计算机系统有着本质的不同，所以嵌入式系统的体系结构与通用计算机系统的体系结构也是不同的。嵌入式系统的体系结构与其应用功能设计及架构密切相关，虽然各不相同，但总体上来说可由以下几个部分组成：

(1) 硬件设备，类似于计算机硬件，通常包括嵌入式处理器、程序运行所需的 ROM 或 Flash 内存和系统所需要的外部设备等。

(2) 嵌入式操作系统，负责管理运行于硬件之上的应用软件，按照系统任务优先级控制系统资源使用的预分配，除此之外，还要负责任务调度，完成任务运行和任务间切换。

(3) 应用软件，通常以并发运行的进程、线程或任务的形式运行在系统中，完成系统的主要功能。

综上所述，站在结构体系的角度来看，嵌入式系统一般由硬件设备、嵌入式操作系统以及应用软件三个部分组成，用于实现具体的功能，其体系结构如图 1.1 所示。

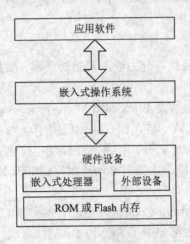

图 1.1　嵌入式系统体系结构

从图 1.1 中可看出，嵌入式处理器和外部设备构成了嵌入式系统的基础平台，为操作系统的运行提供了保障，嵌入式操作系统通过应用软件驱动外部设备工作并合理调度应用软件来保证正常运行，而应用软件是由实现系统应用功能的代码编译生成的。

3. 嵌入式系统特征

嵌入式系统是将先进的计算机技术、半导体技术和电子技术与各个行业的具体应用相结合后的产物。这就决定了它必然是一个技术密集、资金密集、高度分散、不断创新的知识集成系统。与通用计算机系统相比，嵌入式系统主要有以下特征：

(1) 具备高度的可定制性。嵌入式系统是一个针对具体应用的专用系统，面对用户的具体需求，其软、硬件可以进行适当的裁剪和添加，使其达到理想的性能。

(2) 具备更佳的效率和可靠性。嵌入式系统的软件并不存储在硬盘等载体中，而是固化在 ROM 芯片中，这就极大提高了系统的可靠性和执行速度。同时，为了节约存储空间，要求软件代码的质量要高，从而减少程序的目标代码长度，提高其执行速度。

(3) 不具备本地系统开发能力，需要专业的开发工具和环境。嵌入式系统自身不提供开发界面，用户需要特定工具和环境才能进行相关开发。

1.3　嵌入式处理器

嵌入式处理器是控制、辅助嵌入式系统的硬件核心单元，也被认为是对嵌入式系统中的运算和控制器件总的称谓。当今世界上具有嵌入式功能特点的处理器已经超过 1200 种，其中受到青睐的结构体系有微控制器(MCU)、嵌入式微处理器(EMPU)等 30 多个系列。嵌入式处理器的应用极其广泛，包括 4 位处理器、目前仍在大规模使用的单片机以及最新流行的 32 位、64 位嵌入式 CPU。

鉴于嵌入式系统的良好发展前景，大多数半导体制造商都已经开始大规模生产嵌入式处理器。嵌入式处理器与通用计算机处理器的设计原理大致一样，但是嵌入式处理器有着功耗低、体积小、稳定性高以及对环境(例如温度、湿度、电磁场、震动等)的适应能力强等优点。

1. 嵌入式处理器的分类

嵌入式处理器按照自身现状可分为嵌入式微处理器、微控制器、DSP 和片上系统等几大类。

嵌入式微处理器的英文全称是 Embedded Micro-Processor Unit，简称 EMPU 或 MPU。MPU 与通用计算机处理器大致一样，但在实际应用中，为它设计了专业的电路板，从而减少了系统的功耗与体积。除此之外，在其工作温度、抗电磁干扰和可靠性方面都会做相应的增强。目前，嵌入式微处理器主要有 Power PC、68000、MIPS、Aml86/88、38x、SC-400 和 ARM 系列等。

微控制器的英文全称为 Micro-Controller Unit，简称 MCU。微控制器还有一个被大众熟知的名字，即单片机，其内部集成了 ROM、RAM、总线、总线逻辑、定时器/计数器、串行口及模/数转换器等各种功能和外设。与嵌入式微处理器相比较，MCU 主要的特点就是单片化，极大地减小了体积，从而降低了功耗并提高了可靠性。

DSP 的英文全称为 Digital Signal Processing，即数字信号处理器。它是一种专门用于满足数字信号处理快速运行需求的微处理器。

片上系统的英文全称为 System on Chip，简称 SoC。它是一种实现了软硬件无缝结合、直接内嵌操作系统代码模块的集成器件，其最大的特点就是极高的综合性，在一个硅片上面可运用 VHDL(硬件描述语言)定义出一个应用系统，一旦仿真通过就可交给半导体制造商制作样品。片上系统可分为专用和通用两种，专用类一般不为大多数用户所知，通用类包括部分 ARM 器件。

2. 嵌入式处理器内核

嵌入式系统中硬件部分的关键就是嵌入式处理器，而嵌入式处理器的关键在于嵌入式处理器内核。嵌入式处理器内核不是一个芯片，而是一种设计技术，各种系列及型号的处理器芯片制造都是基于这些内核。目前，嵌入式领域中主要流行的处理器内核有 MIPS 系列、ARM 系列、PowerPC 系列与 68K 系列等。

MIPS 系列由美国 MIPS 科技公司研发，其主要特点就是高速，采用多核集成，且多用于 64 位处理器。MIPS 系列内核大多被设计成两种处理器芯片：一种是高端处理器，被大量应用于 CISCO 公司的高端路由器上；另一种是低端处理器，被广泛用于局域网交换机、以太网接口及串口等低端通信产品上。ARM 内核由英国 ARM 公司研发，其最大优点就是功耗低，被广泛应用于无线局域网、手持设备、有线网络通信设备中。

ARM 公司与超过 100 家公司签订了技术使用许可协议，其中著名的半导体处理器生产厂商有美国的 Intel、IBM、Motorola、韩国的三星公司和日本的索尼公司等，这些公司的手持设备和网络设备的处理器芯片大多采用 ARM 内核。

PowerPC 系列由 Motorola 和 IBM 共同研发，其特点就是在高速度与低功耗之间做了折中，而且集成了超多外围电路接口，从而具有很强的稳定性和兼容性。PowerPC 内核是电子通信领域应用最广泛的嵌入式处理器，例如国内的中兴通讯和华为在其通信产品中就使用了大量采用 PowerPC 内核的嵌入式处理器。

68K 内核是由 Motorola 独自设计的嵌入式处理器内核，它是嵌入式领域早期广泛应用的内核之一，常常被应用在 DSP 模块、CAN 总线模块和一般的嵌入式处理器集成的外设模块中，因而在工业控制、机器人研究及家电控制等领域大量采用了该内核的嵌入式处理器。嵌入式系统中处理器内核的选择取决于应用领域、用户需求、开发难度和成本等多种因素。

3. ARM 嵌入式处理器

ARM 既是一个公司的名称，也是一类嵌入式处理器的通称，还是一种技术的名称。ARM 公司是一家知识产权供应商，它不会制造和出售具体的芯片，而是通过转让技术方案，由其他半导体处理器制造商生产出各具特色的芯片。这种模式不仅使 ARM 公司成为了全球性的精简指令集计算机(RISC)标准的缔造者，而且让 ARM 处理器在嵌入式领域中拥有优势地位。同时也为用户带来了巨大的好处，即用户只需要学习一种 ARM 内核技术及其开发手段，就可以使用多家不同公司基于相同 ARM 内核生产的处理器芯片了。

采用 RISC 的 ARM 嵌入式处理器通常在低功耗、高性能上有着巨大优势，这往往取决于使用精简指令集的 ARM 内核。它一般有着如下特性：

(1) 体积小、低功耗、低成本、高性能。

(2) 支持 Thumb(16 位)和 ARM(32 位)双指令集，能兼容 8/16 位器件。

(3) 大量使用通用寄存器，指令执行速度快。

(4) 寻址方式灵活简单，执行效率很高。

(5) 指令格式固定，指令译码简化。

(6) 处理器只对 CPU 内部的数据进行处理。

ARM 公司设计了很多 ARM 处理器内核，其中应用较多的是 ARM7、ARM9、ARM10

及 ARM11 系列。这些系列处理器在早期嵌入式系统中得到广泛使用，所以通常又被称为"经典处理器"。尽管这些处理器内核都采用了精简指令集，但由于指令集体系结构的不断改进和发展，不同时期开发的各个系列 ARM 处理器各有特色。

ARM7 系列处理器内核是 ARM 公司早期设计的，主要针对低端处理器。该系列内核采用了 V47 指令体系结构和三级流水线方式，典型的处理器速度为 0.9 MIPS/MHz，常见的芯片时钟主频为 20～133 MHz。虽然 ARM7 系列处理器在性能和速度上有缺陷，但是在早期的嵌入式系统中却被广泛使用，主要包括 ARM7 TDMI、ARM7 20T、ARM7 TDMI-S 及 AEM7EJ 等内核。

ARM9 系列处理器内核是在 ARM7 之后问世的，与 ARM7 相比较有了很大的改进。ARM9 系列内核采用 V4T 指令体系结构和五级流水线方式，并且带有内存管理单元(MMU)、支持指令 Cache 和数据 Cache。其内核的改进和优化使得 ARM9 指令执行效率有较大提高并具有较高的数据处理能力，从而大量被应用在手持终端、无线设备和数字照相机等领域，其主要包括 ARM9 TDMI、ARM9 20T 和 ARM9 40T 等内核。

ARM10 系列处理器内核采用了新的指令体系结构 V5T 和更高的六级流水线方式，同时支持 DSP 指令。该系列处理器内核高性能的设计使得其可使用向量浮点单元(VFP10)提供浮点解决方案，从而成功地提高了处理器的整型和浮点型运算性能，可应用于视频游戏机和高性能打印机等领域，其主要包括 ARM10 20E 和 ARM10 22E 等内核。

ARM11 系列内核是针对高性能和高效能的应用而设计的，它采用了更高级别的指令体系结构 V6，并且集成了一条具有独立的 Load-Store 和算术流水线的八级流水线，使得它在多媒体尤其是视频处理方面具有极大的优势，ARM11 36J-S 为该系列的典型代表。

ARM 公司经典处理器 ARM11 系列之后的产品改用 Cortex 进行命名，并将其划分为 Cortex-A、Cortex-R 和 Cortex-M 三个系列，为不同领域提供服务。ARM7、ARM9 等系列尽管依然占据着很大一部分市场份额，但已经成为上一代嵌入式处理器，Cortex 系列的处理器逐渐成为嵌入式系统中的主流处理器。

Cortex-M3 是 M 系列中最典型的处理器内核，具有极高的运算能力和中断响应能力。基于该内核的处理器通常拥有成本低、引脚数目少及功耗低的特点。Cortex-M3 内核采用了最先进的指令体系结构 V7 和带分支预测功能的三级流水线，并且用不可屏蔽中断方式代替了 ARM 传统中断方式(FIQ/IRQ 中断)，这使得其典型处理器的处理速度可达到 1.25 MIPS/MHz。除此之外，Cortex-M3 还采用了特殊的执行方式——纯 Thumb 2 指令，使得这个具有 32 位性能的 ARM 处理器能够满足 8 位和 16 位处理器级数的代码存储密度，从而成为冲击低端 8 位 MCU 市场的利器。

Cortex-R4 是 R 系列中最完美的一个处理器内核，它采用了最新的指令体系结构 V7 和基于低耗费的双行八级流水线，同时带有高级分支预测功能，实现了 1.6 MIPS/MHz 的运行速度。该内核在整体开发设计上侧重于效率和可配置性，在节省开发成本和功耗上为开发者提供了巨大的突破，同时在相同面积的硅片上提供了更高的性能，主要应用于产量巨大的高级嵌入式应用领域，例如硬盘、喷墨式打印机及汽车安全系统等。

Cortex-A8 是 A 系列中最早的应用级处理器内核，基于该内核的处理器是 ARM 公司开发的同类处理器中性能最好、效率最高的处理器。Cortex-A8 是一个有序、双行、超量、基于 V7 指令体系结构的处理器内核，同时具有 13 级整数运算、10NEON 媒体运算流水线

及对等待状态编程的专用二级 Cache，使得其实现了 2.00 MIPS/MHz 的运算速度。Cortex-A8
处理器的低功耗和高速运算能力使得它能够应用于那些要求功耗小于 300 mW 的最优化的
移动电话器件和那些要求 2000 MIPS 执行速度、性能最优化的电子消费产品中。

1.4 嵌入式操作系统

操作系统是计算机系统中最基础的程序，它不仅负责系统中全部软硬件资源的分配与
回收及任务调度控制和协调等并发活动，而且提供了用户接口，使用户获得了可扩展系统
功能的软件平台和良好的工作环境。早期的嵌入式系统通常不需要操作系统，往往只需要
简单的控制代码或软件就可实现系统的正常工作。但是随着嵌入式系统复杂性的增加，尤
其是对多任务并发运行及网络协议支持的需求的增大，在嵌入式系统中引入操作系统成了
必然选择。然而，由于嵌入式处理器的处理能力本来就不强及嵌入式系统的存储空间等系
统资源有限，一般的通用计算机系统的操作系统并不适合应用于嵌入式系统，因此专门针
对嵌入式系统的嵌入式操作系统便应运而生了。

1. 常见的嵌入式操作系统

嵌入式操作系统按照经营模式可划分为商用型和开源型两种，按响应时间可划分为实时
型和非实时型两种。目前应用较多的嵌入式操作系统有 VxWorks、Windows CE、μC/OS-Ⅱ及
嵌入式 Linux 等。

VxWorks 是由美国 Wind River(风河)公司于 20 世纪 80 年代开发的一款实时、商用、嵌
入式操作系统。高性能的内核、良好的持续发展能力及友好的用户开发界面(Tornado)，
使得 VxWorks 在嵌入式操作系统领域拥有一席之地。它优良的可靠性和卓越的实时性被
成功地应用在美国的爱国者系列导弹、火星探测器等高精尖设备及其他实时性要求较高
的领域。

Windows CE 是微软公司开发的一款基于优先级多任务、实时、部分开源的嵌入式操
作系统。它不仅具有结构化、模块化、基于 Win32 应用程序接口和与处理器平台无关等优
点，而且继承了 Windows 系列操作系统的图形界面和编程开发工具，使得大多数 Windows
下的应用软件只需简单修改就可移植到 Windows CE 平台上使用，因而被广泛应用于工业
控制和 PDA(个人数字助理)市场等领域。

μC/OS-Ⅱ是世界著名嵌入式专家设计的一款源码公开、可移植、可固化、可裁剪、占
先式嵌入式实时多任务操作系统。尽管其内核结构简单，但功能齐全，并且具有很高的稳
定性和可靠性，支持 ARM、MIPS、PowerPC 等主流嵌入式处理器系列。虽然 μC/OS-Ⅱ操
作系统内核是开源的，但是将其目标代码嵌入产品中时，需要收取较低的使用许可费用。
它在工业控制和医疗设备中使用较多。

嵌入式 Linux 是对标准 Linux 操作系统经过小型化裁剪后固化在容量较小的存储器芯
片中，适用于特定嵌入式应用系统的一款开源嵌入式操作系统。虽然它是一个经过裁剪的
操作系统，但仍保留了标准 Linux 操作系统的所有特性，为硬件平台运行各种程序提供了
相应的保障。嵌入式 Linux 不但有着高度优化、代码紧凑的特点，而且还有优秀的网络功
能、良好的移植性和丰富的 API 等优点，因而在移动电话、PDA、车载导航系统、航空航

天等领域应用广泛。

2. 嵌入式 Linux 的优势

目前，在已经成功开发的嵌入式操作系统中，嵌入式 Linux 大概占了一半。它之所以能在嵌入式领域取得如此辉煌的成就，与标准 Linux 的优良性能密不可分，因为嵌入式 Linux 继承了标准 Linux 操作系统的所有特性。这些特性主要有如下几点：

(1) 广泛的硬件支持。嵌入式 Linux 有着异常强大的驱动程序资源库，支持各种主流硬件设备和最新的硬件技术，使得嵌入式 Linux 能够成功地移植到 ARM、MIPS、PowerPC 等主流嵌入式处理器上。

(2) 内核高效稳定。嵌入式 Linux 内核结构设计十分精巧，分为进程调度、内存管理、虚拟文件系统、网络接口及进程间通信五大部分，并且可以根据用户自身需求删除和增加某些模块，使得嵌入式系统可量体裁衣，不会产生冗余，拥有高效的运行方式。

(3) 软件丰富，开放源码。嵌入式 Linux 不仅有着丰富的软件资源(几乎涵盖每个通用程序)，而且为用户提供了最大限度的自由，即开放全部软件的源代码。这样使得在嵌入式 Linux 上开发应用程序就简单多了，开发者只需要针对具体应用的要求，选择相似的应用软件作为原型，进行相应的修改和优化就可直接使用了。

(4) 优秀开发工具。嵌入式 Linux 并不使用价格昂贵和操作复杂的传统嵌入式开发调试工具 ICE(在线仿真器)，而是使用了基于串口功能和网络功能的交叉编译工具链。这种工具链利用 GNU(GNU's Not Unix)下的 GCC 和 GDB 作为编译调试工具，能方便地实现嵌入式系统应用软件开发。

(5) 完善的网络通信和文件管理机制。嵌入式 Linux 几乎支持所有标准 Internet 网络协议，而且方便移植。除此之外，它还拥有功能强大的文件管理机制，支持 ext2、ext3、jffs2、vfat、ntfs、cRAMfs、romfs 等众多文件系统。

3. 嵌入式 Linux 的内核结构

Linux 内核是最受欢迎的自由操作系统内核，是 Unix 操作系统的一个克隆，最早由林纳斯·托瓦兹开发，后来在网络上一些黑客团队的协助下完善。它符合 POSIX 的标准和遵守单一 Unix 的规范。Linux 内核包括五个主要模块，分别为进程调度、内存管理、虚拟文件系统、网络接口和进程间通信。Linux 内核结构如图 1.2 所示。

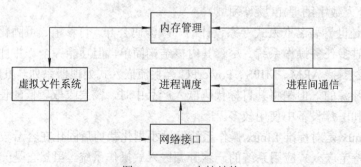

图 1.2　Linux 内核结构

进程调度对于操作系统来说就好比心脏对于人一样重要，它的主要功能是控制和协调系统中的进程对 CPU 的访问。进程调度通常由进程调度程序和进程调度算法两部分组成。

进程调度程序使用一个叫 task_struct 的结构体数据来管理系统中的进程，并让该结构体指针形成一个 "task 指针数组" 来表示所有进程。随着 Linux 内核的不断升级改进，进程调度算法也会更新，在 Linux 2.6 版前的内核使用了基于优先级的进程调度算法，这种算法尽管在单核 CPU 时能够显著提高系统响应时效，但对于多核处理器就会造成低效率并影响系统性能。Linux 2.6 版内核中引入了 0(1)调度算法，该算法有效地解决了老版内核中存在的问题。新的调度算法基于每个 CPU 来分布任务时间片(Linux 中，任务和进程是两个相同的术语)，这样就消除了全局同步和重新循环，并使用活动和过期两个优先级数组来代表相应进程。其中活动数组中包含了所有映射到某个 CPU 且时间片尚未用尽的进程，而过期数组中包含了时间片已经用完的所有进程的有序表。一旦所有活动进程的时间片被用完，那么两个数组就会互换，并开始新一轮调用。

内存管理主要负责控制进程对系统硬件内存资源的访问，从逻辑上可分为与硬件有关部分和与硬件无关部分。与硬件有关部分为系统物理内存提供了虚拟接口，与硬件无关部分提供了进程对内存的应用与系统物理内存之间的映射关系。正因如此，两个进程可使用同一逻辑内存地址，而实际上是映射到不同的物理内存地址上。除此之外，内存管理还支持虚拟内存模式，由多个虚拟内存对应到同一物理内存地址，系统拥有比实际内存更多的虚拟内存。

虚拟文件系统的主要作用是提供一个在硬件设备上统一的数据视图，它支持很多不同的硬件设备和多种文件系统。驱动程序是一种以硬件控制器为驱动设备而编写的程序模块，虚拟文件系统通过挂载驱动程序来隐藏各种不同硬件的具体细节，从而为所有设备提供统一接口。虚拟文件系统支持许多不同逻辑结构的文件系统，将这些文件系统所在的磁盘分区或者其他存储设备直接连接到 Linux 系统下，这为用户提供了良好的灵活性。除此之外，它还有一个重要功能，就是可动态装载，这样可有效地降低系统内核大小。

进程间通信是内核的一个重要功能。在系统运行多进程应用程序时，为了使各个进程之间协调工作，它们彼此之间的通信就显得很重要了。Linux 支持多种进程间通信机制，如信号、管道、消息队列、信号量机制、共享内存及网络 socket 套接字等。

网络接口提供了对各种网络设备支持的接口和各种网络标准的存取，它可分为网络协议和网络驱动两个部分。网络协议部分是指每一种可能用到的网络传输协议，例如常见的用户数据包协议(UDP)、传输控制协议(TCP)、IP 协议等；而网络驱动部分是指操作每一种可能使用的网络设备的驱动程序，主要包括串行路线连接、并行路线连接和以太网连接三种类型。Linux 网络接口结构如图1.3 所示，其中 BSD socket 和 INTE socket 是 Linux下的两种 socket 通信方式，BSD socket 层是专门用来处理 BSD 通用套接字的，并且需要 INTE socket层的支持；UDP 与 TCP 之间的最大区别就是前者

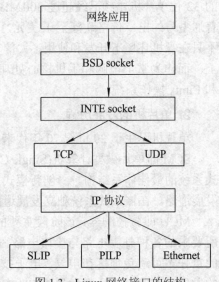

图 1.3　Linux 网络接口的结构

是面向无连接的协议，而后者是可靠的端对端的协议；IP 协议层的主要作用是实现了 Internet 协议代码，并将其数据包传输给 UDP 或 TCP 层；IP 协议层下面就是网络设备驱动程序及具体的网络设备。

1.5　了解单片机

1. 单片机介绍

单片机是指一个集成在一块芯片上的完整计算机系统。尽管它的大部分功能集成在一块小芯片上，但是它具有一部完整计算机所需要的大部分部件：CPU、内存、内部和外部总线系统，目前大部分单片机还具有外存。同时，有些产品还集成了诸如通信接口、定时器、实时时钟等外围设备。目前最强大的单片机系统甚至可以将声音、图像、网络、复杂的输入输出系统集成在一块芯片上。

单片机也被称为微控制器(Microcontroller)，是因为它最早被用在工业控制领域。单片机由芯片内仅有 CPU 的专用处理器发展而来，最早的设计理念是通过将大量外围设备和 CPU 集成在一个芯片中，使计算机系统更小，更容易集成到复杂的、对体积要求严格的控制设备当中。Intel 的 Z80 是最早按照这种思想设计出的处理器，从此以后，单片机和专用处理器的发展便分道扬镳了。

早期的单片机都是 4 位或 8 位的。其中最成功的是 Intel 的 8031，因为其简单可靠且性能优良获得了很多的好评。此后在 8031 基础上发展出了 MCS51 系列单片机系统，该单片机系统直到目前还在广泛使用。随着工业控制领域要求的提高，开始出现了 16 位单片机，但因为其性价比不理想并未得到广泛应用。20 世纪 90 年代后随着消费电子产品大发展，单片机技术得到了巨大的提高。随着 Intel i960 系列特别是后来的 ARM 系列的广泛应用，32 位单片机迅速取代 16 位单片机的高端地位，并且进入主流市场。而传统的 8 位单片机的性能也得到了飞速发展，处理能力比起 20 世纪 80 年代提高了数百倍。目前，高端的 32 位单片机主频已经超过 300 MHz，性能直追 20 世纪 90 年代中期的专用处理器，而普通型号的出厂价格跌落至 1 美元，最高端的型号也只有 10 美元。当今单片机系统已经不只在裸机环境下开发和使用，大量专用的嵌入式操作系统被广泛应用在全系列的单片机上。而作为掌上电脑和手机核心处理器的高端单片机甚至可以直接使用专用的 Windows 和 Linux 操作系统。

2. 单片机的发展历程

单片机诞生于 20 世纪 70 年代末，经历了 SCM、MCU、SoC 三大阶段。

SCM 即单片微型计算机(Single Chip Microcomputer)，该阶段主要是寻求单片形态嵌入式系统的最佳体系结构。"创新模式"获得成功，奠定了 SCM 与通用计算机完全不同的发展道路。在嵌入式系统独立发展道路上，Intel 公司功不可没。

MCU 即微控制器，该阶段主要的技术发展方向是：不断扩展满足嵌入式应用时对象所要求的各种外围电路与接口电路。它所涉及的领域都与对象系统相关，因此，发展 MCU 的重任不可避免地落在电气、电子技术厂家身上。从这一角度来看，Intel 逐渐淡出 MCU 的发展也有其道理。在发展 MCU 方面，最著名的厂家当数 Philips 公司。Philips 公司以其在嵌入式应用方面的巨大优势，将 MCS51 从单片微型计算机迅速发展到微控制器。因此，当我们回顾嵌入式系统发展道路时，不要忘记 Intel 和 Philips 的历史功绩。

单片机是嵌入式系统的独立发展之路，向 MCU 阶段发展的重要因素，就是寻求应用系统在芯片上的最大化解决方案。因此，专用单片机的发展自然形成了 SoC 化趋势。随着微电子技术、IC 设计、EDA 工具的发展，基于 SoC 的单片机应用系统设计将有较大的发展。因此，对单片机的理解可以从单片微型计算机、单片微控制器延伸到单片应用系统。

3. 单片机的应用领域

单片机已渗透到生活的各个领域，导弹的导航装置，飞机上各种仪表的控制，计算机的网络通信与数据传输，工业自动化过程的实时控制和数据处理，广泛使用的各种智能 IC 卡，民用豪华轿车的安全保障系统，录像机、摄像机、全自动洗衣机的控制，以及程控玩具、电子宠物等，都离不开单片机。

1) 在智能仪器仪表上的应用

单片机具有体积小、功耗低、控制功能强、扩展灵活、微型化和使用方便等优点，广泛应用于仪器仪表中，结合不同类型的传感器，可实现诸如电压、功率、频率、湿度、温度、流量、速度、厚度、角度、长度、硬度、元素、压力等物理量的测量。采用单片机控制使得仪器仪表数字化、智能化、微型化，且功能比起采用电子或数字电路更加强大。

2) 在工业控制中的应用

用单片机可以构成形式多样的控制系统、数据采集系统。例如工厂流水线的智能化管理、电梯智能化控制、各种报警系统，与计算机联网构成二级控制系统等。

3) 在家用电器中的应用

现在的家用电器基本上都采用了单片机控制，从电饭煲、洗衣机、电冰箱、空调机、彩电到音响视频器材，再到电子称量设备，五花八门，无所不在。

4) 在计算机网络和通信领域中的应用

现代的单片机普遍具备通信接口，可以很方便地与计算机进行数据通信，为在计算机网络和通信设备间的应用提供了极好的物质条件。目前的通信设备基本上都实现了单片机智能控制，包括手机、电话机、小型程控交换机、楼宇自动通信呼叫系统、列车无线通信以及集群移动通信、无线电对讲机等。

5) 单片机在医用设备领域中的应用

单片机在医用设备中的用途同样相当广泛，例如医用呼吸机、各种分析仪、监护仪、超声诊断设备及病床呼叫系统等。

6) 在各种大型电器中的模块化应用

某些专用单片机设计用于实现特定功能，从而在各种电路中进行模块化应用，而不要求使用人员了解其内部结构。如音乐集成单片机，将看似简单的功能微缩在纯电子芯片中(有别于磁带机的原理)，就需要复杂的类似于计算机的原理：音乐信号以数字的形式存于存储器(类似于 ROM)中，由微控制器读出，转化为模拟音乐电信号(类似于声卡)。

在大型电路中，这种模块化应用极大地缩小了体积，简化了电路，降低了错误率，也方便更换。

7) 单片机在汽车设备领域中的应用

单片机在汽车电子中的应用非常广泛，例如汽车中的发动机控制器、基于 CAN 总线的汽车发动机智能电子控制器、GPS(全球定位系统)、ABS(防抱死系统)、制动系统等。

此外，单片机在工商、金融、科研、教育、国防、航空、航天等领域都有着十分广泛的用途。

4. 常用单片机简介

常用单片机有以下几类：

(1) PIC 单片机。PIC 单片机是 MICROCHIP 公司的产品，其突出的特点是体积小、功耗低、执行精简指令集、抗干扰性好、可靠性高、有较强的模拟接口、代码保密性好，大部分芯片有其兼容的 Flash 程序存储器的芯片。

(2) EMC 单片机。EMC 单片机是台湾义隆公司的产品，可与 PIC 8 位单片机兼容，价格便宜，有很多系列可选，但抗干扰性较差。

(3) ATMEL 单片机(51 单片机)。ATMEL 公司的 8 位单片机有 AT89、AT90 两个系列，AT89 系列是 8 位 Flash 单片机，与 8051 系列单片机相兼容，静态时钟模式；AT90 系列单片机具有增强 RISC 结构，采用全静态工作方式，内载在线可编程 Flash，也叫 AVR 单片机。

(4) Philips 51PLC 系列单片机(51 单片机)。Philips 公司的单片机是基于 80C51 内核的单片机，嵌入了掉电检测、模拟以及片内 RC 振荡器等功能，这使 51PLC 在高集成度、低成本、低功耗的应用设计中可以满足多方面的性能要求。

(5) HOLTEK 单片机。HOLTEK 单片机是台湾盛扬半导体公司生产的，价格便宜、种类较多，但抗干扰性较差，适用于消费类产品。

(6) TI 公司单片机(51 单片机)。德州仪器(TI)提供了 TMS370 和 MSP430 两大系列通用单片机。TMS370 系列是 8 位 CMOS 单片机，具有多种存储模式、多种外围接口模式，适用于复杂的实时控制场合；MSP430 系列是一种功能集成度较高的16位超低功耗单片机，特别适用于要求功耗低的场合。

1.6　MCS51 单片机基础知识

MCS51 系列单片机是具有 8051 内核体系结构、引脚信号，并且指令系统完全兼容的单片机的总称。我们主要从应用角度介绍 MCS51 系列单片机的硬件结构特性。站在应用角度学习单片机的硬件结构时，主要应抓住单片机的供应状态，即单片机提供给用户哪些可用资源以及怎样合理地使用这些资源。

1.6.1　单片机学习要点

1. 总线

一个电路是由元器件通过电线连接而成的。在模拟电路中，连线并不成为一个问题，因为各器件间一般是串行关系，各器件之间的连线并不很多。但计算机电路却不一样，它以微处理器为核心，各器件都要与微处理器相连，各器件之间的工作必须相互协调，所以需要的连线就很多了。如果仍如同模拟电路一样，在各微处理器和各器件间单独连线，则连线的数量将多得惊人。所以在微处理机中引入了总线的概念，各个器件共同享用连线，所有器件的 8 根数据线全部接到 8 根公用的线上，即相当于各个器件并联起来。但仅这样还不行，如果有两个器件同时送出数据，一个为"0"，一个为"1"，那么，接收方接收到的究竟是什么呢？这种情况是不允许的，所以要通过控制线进行控制，使器件分时工作，任何时候只能有一个器件发送数据(可以有多个器件同时接收)。器件的数据线也就被称为数据总线，器件所有的控制线被称为控制总线。在单片机内部或者外部存储器及其他器件中有存储单元，这些存储单元要被分配地址才能使用，分配地址当然也是以电信号的形式给出的。由于存储单元比较多，所以用于地址分配的线也较多，这些线被称为地址总线。

2. 数据、地址、指令

之所以将这三者放在一起，是因为这三者的本质都是一样的，都是数字，或者说都是一串"0"和"1"组成的序列。换言之，地址、指令也都是数据。指令是由单片机芯片的设计者规定的一种数字，它与我们常用的指令助记符有着严格的一一对应关系，不可以由单片机的开发者更改。地址是寻找单片机内部、外部的存储单元、输入/输出口的依据，内部单元的地址值已由芯片设计者规定好，不可更改，使用哪些外部单元可以由单片机开发者自行决定，但有一些地址单元是一定要有的。数据是由微处理机处理的对象决定的，在各种不同的应用电路中各不相同。

一般而言，被处理的数据可能有如下几种情况：

(1) 地址，如"MOV DPTR, 1000H;"，即地址 1000H 送入 DPTR。

(2) 方式字或控制字，如"MOV TMOD, #3;"，3 即为控制字。

(3) 常数，如"MOV TH0, #10H;"，10H 即为定时常数。

(4) 实际输出值，如 P1 口接彩灯，要灯全亮，则执行指令"MOV P1, #0FFH;"，要灯全暗，则执行指令"MOV P1, #00H;"，这里 0FFH 和 00H 都是实际输出值。又如用于 LED 的字形码也是实际输出值。

3. P0 口、P2 口和 P3 口的第二功能用法

初学者往往对 P0 口、P2 口和 P3 口的第二功能用法迷惑不解，认为第二功能和原功能之间要有一个切换的过程，或者说要有一条指令。事实上，各端口的第二功能完全是自动的，不需要用指令来转换。如 P3.6、P3.7 分别是 WR、RD 信号，当微处理机外接 RAM 或有外部 I/O 口时，它们被用作第二功能，不能作为通用 I/O 口使用，只要微处理机执行到 MOVX 指令，就会有相应的信号从 P3.6 或 P3.7 送出，不需要事先用指令说明。事实上，"不能作为通用 I/O 口使用"也并不是"不能"而是(使用者)"不会"将其作为通用 I/O 口使用。可以在指令中安排一条 SETB P3.7 的指令，当单片机执行到这条指令时，会使 P3.7 变为高电平，但使用者不会这么去做，因为这通常会导致系统的崩溃。

4. 程序的执行过程

单片机在通电复位后程序计数器(PC)中的值为"0000"，所以程序总是从"0000"单

元开始执行，也就是说，在系统的 ROM 中一定要存在 "0000" 这个单元，并且在 "0000" 单元中存放的一定是一条指令。

5. 堆栈

堆栈是一个区域，是用来存放数据的。这个区域本身没有任何特殊之处，就是内部 RAM 的一部分，特殊的是它存放和取用数据的方式，即所谓的 "先进后出，后进先出"。堆栈有特殊的数据传输指令，即 PUSH 和 POP。有一个特殊的专为其服务的单元，即堆栈指针 SP，每当执一次 PUSH 指令时，SP 就(在原来值的基础上)自动加 "1"；每当执行一次 POP 指令，SP 就(在原来值的基础上)自动减 "1"。由于 SP 中的值可以用指令加以改变，所以只要在程序开始阶段更改了 SP 的值，就可以把堆栈设置在规定的内存单元中，如在程序开始时，用一条 "MOV SP，#5FH；" 指令，就把堆栈设置在从内存单元 60H 开始的单元中。一般程序的开头总有一条设置堆栈指针的指令，因为开机时，SP 的初始值为 07H，所以堆栈从 08H 单元开始，而 08H 到 1FH 这个区域正是 8031 的第一、二、三工作寄存器区，在程序中经常要被使用，这会造成数据的混乱。不同程序员编写程序时，初始化堆栈指令也不完全相同，这是习惯问题。当设置好堆栈区后，并不意味着该区域成为一种专用内存，它还是可以像普通内存区域一样使用，只是一般情况下编程者不会把它当成普通内存。

6. 单片机的开发过程

这里所说的开发过程并不是一般书中所说的从任务分析开始。我们假设已设计并制作好了硬件，下面就是编写软件的工作。在编写软件之前，首先要确定一些常数、地址，事实上这些常数、地址在设计阶段已被直接或间接地确定下来了(当某器件的连线设计好后其地址也就被确定了，当器件的功能被确定后其控制字也就被确定了)；然后用文本编辑器(如 EDIT、CCED 等)编写软件编写，用编译器对源程序文件编译、查错，直到没有语法错误。除了极简单的程序外，一般应使用仿真机对软件进行调试，直到程序运行正确。运行正确后，就可以写片(将程序固化在 EPROM 中)。在源程序被编译后，生成扩展名为 .hex 的目标文件。一般编程器能够识别这种格式的文件，只要将此文件调入即可写片。

1.6.2　单片机内部结构和引脚

1. MCS51 单片机简介

MCS 是 Intel 公司单片机系列的符号。Intel 公司推出了 MCS48、MCS51、MCS96 系列单片机。其中 MCS51 系列单片机典型机型包括 51 和 52 两个子系列。

在 51 子系列中，主要有 8031、8051、8751 三种机型，与这三种机型兼容的低功耗 CMOS 器件产品分别为 80C31、80C51 和 87C51。它们的指令系统与芯片引脚完全兼容，差别仅在于片内有无 ROM 或 EPROM。

8031 片内没有程序存储器；8051 片内设有 4 KB 的掩膜 ROM 程序存储器；而 8751 片内有 4 KB 的紫外线可擦除 EPROM；87C51 将 EPROM 改成了 4 KB 的闪速存储器，可擦写 1 万次以上。

52 子系列的产品主要有 8032、8052、8752 三种机型，其对应的低功耗 CHMOS 工艺器件分别为 80C32、80C52 和 87C52。与 51 子系列的不同之处在于，51 系列片内数据存储器容量为 128B，而 52 系列单片机片内数据存储器容量增至 256B，片内程序存储器容量增至 8KB(8032/80C32 无)，有 26B 的特殊功能寄存器，有 3 个 16 位定时器/计数器，有 6 个中断源。其他性能均与 51 子系列相同。

51 系列与 52 系列的性能比较如表 1.1 所示。

表 1.1　51 系列与 52 系列性能比较

型号	51 系列				52 系列			
型号	8031	8051	8751	89C51 89S51	8032	8052	8752	89C52 89S52
类型	无 ROM	Mask ROM	EPROM	EEPROM	无 ROM	Mask ROM	EPROM	EEPROM
ROM	内部 0 KB 外接 64 KB	内部 4 KB 外接最大 64 KB			内部 0 KB 外接 64 KB	内部 8 KB 外接最大 64 KB		
RAM	内部 128 B 外接最大 64 KB				内部 256 B 外接最大 64 KB			
定时器 计数器	2 个 16 位定时器/计数器				3 个 16 位定时器/计数器			
中断源	5 (89S51 有 6 个)				6 (89S52 有 8 个)			
I/O	4 个 8 位输入/输出端口				4 个 8 位输入/输出端口			

2. 8051 单片机的内部结构

图 1.4 所示为 8051 单片机功能方框图。

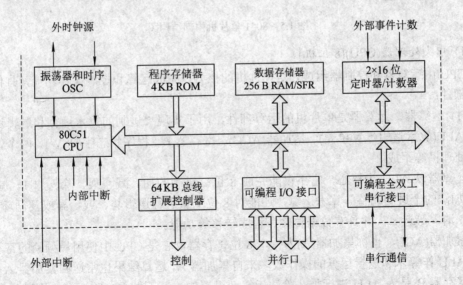

图 1.4　8051 单片机功能方框图

图 1.5 所示为 8051 单片机内部结构图。

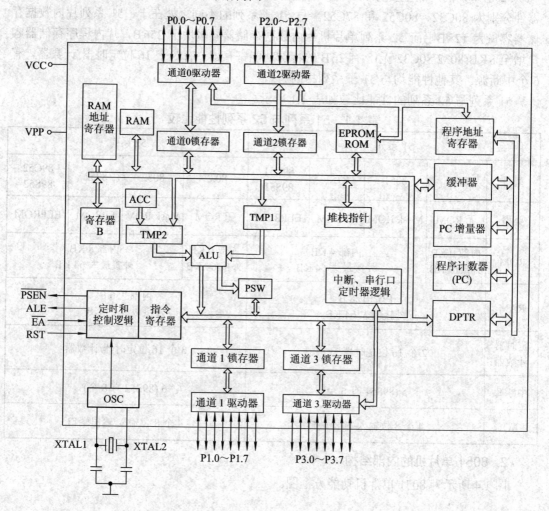

图 1.5　8051 单片机内部结构图

1) 中央处理器(CPU)(8 位机)

CPU 由运算器和控制器组成,是单片机的核心,完成运算和控制操作功能,具体包括以下部件:

(1) 运算器。运算器是单片机的运算部件,用于实现二进制的算术运算和逻辑运算。它由 ALU(算术逻辑运算单元)、累加器(ACC)、寄存器 B、程序状态字(PSW)、两个暂存器和位处理机等组成。

运算器以 ALU 为核心,它不仅能完成 8 位二进制的加、减、乘、除、加 1、减 1 及 BCD 加法的十进制调整等算术运算,还能对 8 位变量进行逻辑与、或、异或及循环移位、求补、清零等运算,并具有数据传输、程序转移等功能。

累加器(ACC,也称累加器 A)为一个 8 位寄存器,它是 CPU 中使用最频繁的寄存器。进入 ALU 作算术和逻辑运算的操作数多来自累加器 A,运算结果也常送回累加器 A 保存。

寄存器 B 是为 ALU 进行乘、除法运算而设置的。若不做乘、除运算,则可作为通用寄存器使用。

程序状态字(PSW)。PSW 是一个 8 位的标志寄存器，它保存指令执行结果的特征信息，以供程序查询和判别。

布尔处理机(位处理机)。它可对直接寻址的位(bit)变量进行位处理，如置位、清零、取反、测试转移以及逻辑与、或等位操作，使用户在编程时可以利用指令完成原来单凭复杂的硬件逻辑所完成的功能，并可方便地设置标志等。

(2) 控制器。控制器是单片机的神经中枢，它保证单片机各部分能自动且协调地工作。控制器由定时和控制电路单元、程序计数器(PC)、PC 增量器、指令寄存器、指令译码器、堆栈指针(SP)和数据指针(DPTR)等部件组成。其中，程序计数器是一个不可寻址的 16 位专用寄存器(不属于特殊功能寄存器)，用来存放下一条指令的地址，具有自动加 1 的功能。单片机执行指令是在控制器的控制下进行的，当 CPU 执行指令时，根据程序计数器中的地址从程序存储器中读出指令，送入指令寄存器中保存；然后送入指令译码器中进行译码，译码结果送到定时控制逻辑电路；由该电路产生各种定时信号和控制信号，再送到系统的各个部件去进行相应的操作；随后程序计数器中的地址自动加 1，以便为 CPU 取下一个需要执行的指令做准备；当下一条指令执行后，PC 又自动加 1，使指令被一条条地执行。这就是执行指令的全过程。

2) 内部程序存储器(ROM)

8051 单片机内有 4KB 掩膜 ROM，主要用于存放程序、原始数据和表格等内容，因此称为内部程序存储器或片内 ROM。

3) 内部数据存储器(RAM)

8051 单片机中共有 256 个 RAM 单元，其后 128 个单元被特殊功能寄存器(SFR)占用，可供用户存放可读取数据的只有前 128 个单元，通常把这部分单元称为内部数据存储器或片内 RAM。

4) 定时器/计数器

8051 单片机片内有 2 个 16 位的定时器/计数器(T0、T1)，并能以其定时或计数的结果对系统进行控制。

5) 并行 I/O 接口

8051 单片机片内有 4 个 8 位并行 I/O 接口(P0、P1、P2、P3)，它们可双向使用，实现数据的并行输入/输出。

6) 串行通信口

8051 单片机片内有一个全双工的串行通信口，可实现单片机和其他数据设备间的串行数据传送。该串行通信口功能较强，既可作为全双工异步通信收发器使用，也可作为同步移位寄存器使用。

7) 中断控制系统

8051 单片机共有 5 个中断源：

(1) 2 个外部中断源。

(2) 2 个定时器/计数器中断源。

(3) 1 个串行中断源。

中断优先级分为高、低两级。

8) 时钟电路

8051 芯片内部有时钟电路，但晶体振荡器和微调电容必须外接。时钟电路为单片机产生时钟脉冲序列。振荡器的频率范围为 1.2～12 MHz，典型取值为 6 MHz、12 MHz、11.0592 MHz。

3. 8051 单片机引脚

1) 8051 单片机封装形式

标准的 8051 单片机常用的三种封装形式为 DIP、PLCC 及 PQFP/TQFP。PLCC-44 和 PQFP-44 有 4 个空引脚，有效引脚个数为 40 个。三种封装形式如图 1.6 所示。

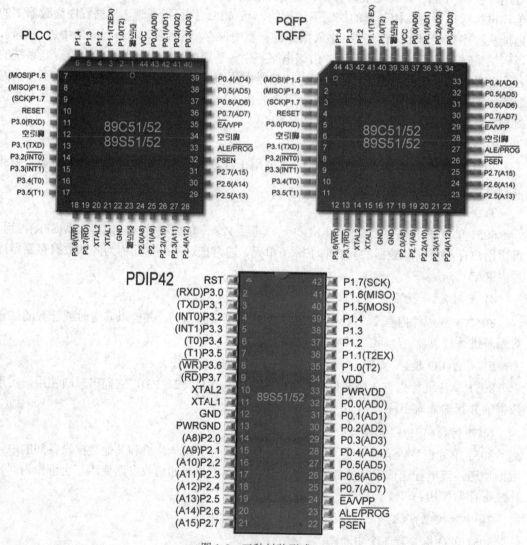

图 1.6　三种封装形式

2) 8051 单片机外部引脚说明

双列直插式封装(DIP)的 8051 单片机有 40 个引脚，其引脚图及逻辑符号如图 1.7 所示。

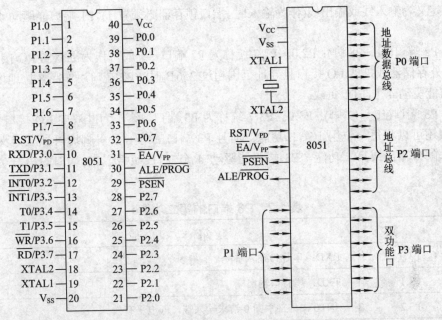

图 1.7 8051 单片机引脚图及逻辑符号

这 40 个引脚按照功能可分成以下几类：

电源引脚和外接晶振引脚(4 个)：电源、地各 1 个，XTAL1 和 XTAL2。

输入/输出引脚(32 个)：$4 \times 8 = 32$。

控制引脚(4 个)：ALE/$\overline{PROG}$、$\overline{EA}$/V_{PP}、$\overline{PSEN}$、RST/V_{PD}。

(1) 电源及外接晶振引脚。

① V_{CC}(40 脚)：接 +5 V 电源正端。

② V_{SS}(20 脚)：接地端。

③ XTAL1、XTAL2：晶体振荡电路反相输入端和输出端。其中：

a. XTAL1(19 脚)：接外部石英晶体的一端。在单片机内部，它是一个反相放大器的输入端，这个放大器构成了片内振荡器。当采用外接晶体振荡器时，该引脚接地。

b. XTAL2(18 脚)：接外部石英晶体的另一端。在单片机内部，它是一个反相放大器的输出端。当采用外接晶体振荡器时，该引脚接收振荡器的信号，即把此信号直接接到内部时钟发生器的输入端。

(2) 输入/输出(I/O)引脚。8051 共有 4 个 8 位并行 I/O 端口：P0、P1、P2、P3 端口，共 32 个引脚。P3 端口还具有第二功能，用于特殊信号输入/输出和控制信号(属控制总线)。

各端口详解如下：

• P0 端口(39~32 脚)：P0.0~P0.7 统称为 P0 端口，是双向 8 位三态 I/O 接口。在不接片外存储器与不扩展 I/O 接口时，作为 I/O 接口使用，可直接连接外部 I/O 设备。在接片外存储器或扩展 I/O 接口时，P0 端口分时复用为低 8 位地址总线和双向数据总线。P0 端口能驱动 8 个 TTL 负载。

• P1 端口(1~8 脚)：P1.0~P1.7 统称为 P1 端口，是 8 位准双向 I/O 接口。由于这种接口输出没有高阻状态，输入也不能锁存，故不是真正的双向 I/O 接口。它的每一位都可以分别定义为输入线或输出线(作为输入时,端口锁存器必须置 1)。P1 端口能驱动 4 个 TTL 负载。

• P2 端口(21~28 脚):P2.0~P2.7 统称为 P2 端口,一般可作为准双向 I/O 接口使用;在接片外存储器或扩展 I/O 接口且寻址范围超过 256 B 时,P2 端口用作高 8 位地址总线。P2 端口能驱动 4 个 TTL 负载。

• P3 端口(10~17 脚):P3.0~P3.7 统称为 P3 端口。除作为准双向 I/O 接口使用外,P3 端口还可以将每一位用于第二功能,而且 P3 端口的每一条引脚均可独立定义为第一功能的输入/输出或第二功能。P3 端口能驱动 4 个 TTL 负载。P3 端口的第二功能如表 1.2 所示。

表 1.2　P3 端口的第二功能

引　脚	第　二　功　能
P3.0	RXD:串行口输入端
P3.1	TXD:串行口输出端
P3.2	$\overline{INT0}$:外部中断 0 请求输入端,低电平有效
P3.3	$\overline{INT1}$:外部中断 1 请求输入端,低电平有效
P3.4	T0:定时器/计数器 0 外部信号(计数脉冲)输入端
P3.5	T1:定时器/计数器 1 外部信号(计数脉冲)输入端
P3.6	$\overline{WR}$:外部 RAM 写选通信号输出端,低电平有效
P3.7	$\overline{RD}$:外部 RAM 读选通信号输出端,低电平有效

(3) 控制引脚。控制引脚包括 ALE、$\overline{PSEN}$、RESET(即 RST)、$\overline{EA}$ 等。此类引脚提供控制信号,有些引脚具有复用功能。

① ALE/$\overline{PROG}$(30 脚):地址锁存有效信号输出端。ALE 在每个机器周期内输出两个脉冲。在访问片外程序存储器期间,ALE 的下降沿用于控制锁存器 P0 输出的低 8 位地址;在不访问片外程序存储器期间,ALE 可作为对外输出的时钟脉冲或用于定时。对于片内含有 EPROM 的机型,在编程期间,该引脚用作编程脉冲 $\overline{PROG}$ 的输入端。

② RST/V_{PD}(9 脚):RST 即为 RESET,V_{PD} 为备用电源。该引脚为单片机的上电复位或掉电保护端。当单片机振荡器工作时,该引脚上出现持续两个机器周期的高电平,就可实现复位操作,使单片机回复到初始状态。上电时,考虑到振荡器有一定的起振时间,该引脚上的高电平必须持续 10 ms 以上才能保证有效复位。

当 V_{CC} 发生故障或掉电时,此引脚可接备用电源(V_{PD}),以保持内部 RAM 中的数据不丢失。当 V_{CC} 下降到规定值以下,而 V_{PD} 在其规定的电压范围内(5 V±0.5 V)时,V_{PD} 就向内部 RAM 提供备用电源。

③ $\overline{PSEN}$(29 脚):片外程序存储器读选通信号输出端,低电平有效。当从外部程序存储器读取指令或常数期间,每个机器周期该信号两次有效,以通过数据总线 P0 端口读回指令或常数。在访问片外数据存储器期间,$\overline{PSEN}$ 信号将不出现。

④ $\overline{EA}$/V_{PP}(31 脚):片外程序存储器选用端。当 $\overline{EA}$ 保持为高电平时,首先访问内部

程序存储器，在程序计数器(PC)值超过片内程序存储器容量(8051 单片机为 4 KB)时，将自动转向执行外部程序存储器中的程序。当 $\overline{EA}$ 保持为低电平时，只访问外部程序存储器，而不管是否有内部程序存储器。对于片内含有 EPROM 的机型(如 8751)，在 EPROM 编程期间，此引脚用作 21 V 编程电源 V_{PP} 的输入端。

3) 地址、数据和控制：三总线结构

单片机的内部资源无法满足应用系统要求时，需要进行资源扩展，资源扩展常采用并行扩展，并行扩展通常要用到单片机的三总线，即 CB、AB、DB。掌握三总线的接线方法是设计单片机嵌入式硬件系统的基础。三总线结构如图 1.8 所示。

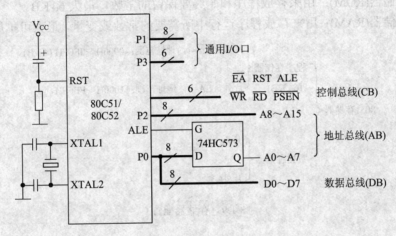

图 1.8 三总线结构

单片机除了电源、复位、时钟接入、通用 I/O 外，其余三总线都是为了系统扩展而设置的。

控制总线 CB：由 P3 端口的第二功能 $\overline{WR}$ 、$\overline{RD}$ 和 4 根独立控制线 RST、$\overline{EA}$ 、ALE、$\overline{PSEN}$ 组成。$\overline{PSEN}$ 用于片外 ROM 取指控制，$\overline{EA}$ 用于选择内、外部 ROM。

地址总线 AB：总线宽度 16，外部存储器直接寻址范围 64KB，由 P0 端口经地址锁存提供低 8 位地址和 P2 端口提供高 8 位地址。

数据总线 DB：总线宽度 8，由 P0 端口提供。

三总线特点如下：

(1) P0 端口地址/数据复用：兼作数据总线 D0~D7 和地址总线 A0~A7，ALE 提供地址锁存，地址锁存器用 74HC373 或 74HC573(推荐)。

(2) 两个独立的并行扩展空间：ROM 和 RAM 是两个独立的空间，都使用相同的 16 位地址线和 8 位数据线，分别为两个 64 KB 寻址空间，只是选通信号不同，ROM 使用 $\overline{PSEN}$ 作取指控制信号，RAM 用 $\overline{WR}$ 、$\overline{RD}$ 作存取控制信号。

(3) 外围统一编址：64KB 数据存储器的寻址空间上可扩展数据存储器，也可扩展其他外围器件，统一编址，寻址方式相同。

1.6.3 单片机存储器结构

8051 单片机与一般微机的存储器配置方式不同。一般微机通常只有一个逻辑空间，可以随意安排 ROM 或 RAM。访问存储器时，同一地址对应唯一的存储空间，可以是 ROM，也可以是 RAM，并使用同类访问指令。

8051 在物理结构上有 4 个存储空间：片内程序存储器、片外程序存储器、片内数据存储器和片外数据存储器。但在逻辑上，即从用户使用的角度来看，8051 有 3 个存储空间：片内外统一编址的 64 KB 程序存储器地址空间，256 B 片内数据存储器的地址空间，64 KB 片外数据存储器地址空间。在访问三个不同的逻辑空间时，需采用不同形式的指令，以产生不同的存储空间的选通信号。从用户角度看，8051 存储器配置如图 1.9 所示，存储器地址空间如图 1.10 所示。

程序存储器(ROM)：用来存放程序和始终要保留的常数，最大 64 KB。

数据存储器(RAM)：用来存放程序运行中所需要的常数或变量，最大可扩展到 64 KB。

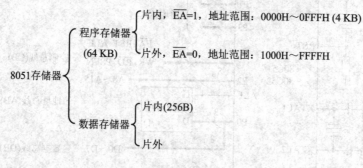

图 1.9　存储器配置

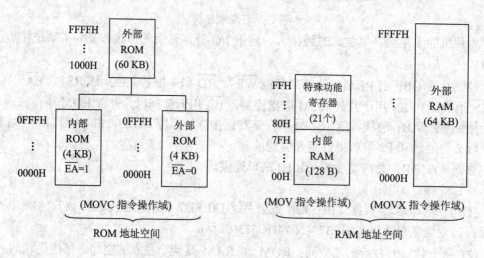

图 1.10　存储器地址空间

1. 程序存储器

1) 编址与访问

MCS51 的程序存储器用于存放编好的程序和表格常数。8051 片内有 4 KB 的 ROM，8751 片内有 4 KB 的 EPROM，8031 片内无程序存储器。MCS51 的片外最多能扩展 64 KB 程序存储器，片内外的 ROM 是统一编址的。如图 1.11 所示，如 $\overline{EA}$ 保持高电平，8051 的程序计数器 PC 在 0000H～0FFFH 地址范围内(即前 4 KB 地址)执行的是片内 ROM 中的程序，当 PC 在 1000H～FFFFH 地址范围时，自动执行片外程序存储器中的程序；当 $\overline{\mathrm{EA}}$ 保持低电平时，只能寻址外部程序存储器，片外存储器可以从 0000H 开始编址。

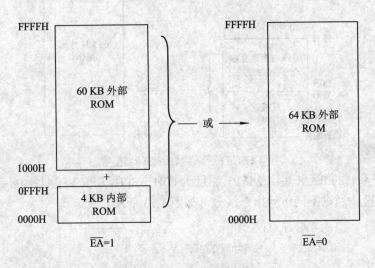

图 1.11　$\overline{\mathrm{EA}}$ 引脚的作用

2) 程序的入口地址

MCS51 的程序存储器中有些单元具有特殊功能，使用时应予以注意。

其中一组特殊单元是 0000H～0002H。系统复位后，(PC)=0000H，单片机从 0000H 单元开始取指令执行程序。如果程序不从 0000H 单元开始，应在这三个单元中存放一条无条件转移指令，以便直接转去执行指定的程序。

还有一组特殊单元是 0003H～002AH，共 40 个单元。这 40 个单元被均匀地分为 5 段，作为 5 个中断源的中断地址区。其中：

0003H～000AH：外部中断 0 中断地址区。

000BH～0012H：定时器/计数器 0 中断地址区。

0013H～001AH：外部中断 1 中断地址区。

001BH～0022H：定时器/计数器 1 中断地址区。

0023H～002AH：串行中断地址区。

中断响应后，按中断种类自动转到各中断区的首地址去执行程序，因此在中断地址区中应存放中断服务程序。

2. 内部数据存储器

1) 编址与访问

数据存储器用于存放中间运算结果、标志位、数据暂存和缓冲等。

单片机片内数据存储器是两个独立的地址空间，应分别单独编址。片内数据存储器除 RAM 块外，还有特殊功能寄存器(SFR)块。

(1) 51 子系列数据存储器包含 RAM 块和 SFR 块，前者占 128B，编址为 00H～7FH，后者占 128B，编址为 80H～FFH，二者连续不重叠。片外最多扩展 64KB RAM(0000～FFFF)，如图 1.12 所示。

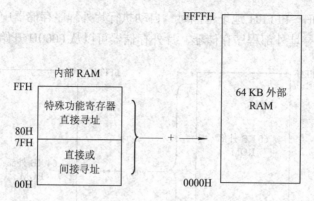

图 1.12　51 子系列数据存储器配置

(2) 52 子系列的 RAM 块占 256B, 编址为 00H～FFH, SFR 块占 128B, 编址为 80H～FFH, 二者重叠, 通过不同访问指令区分, 如图 1.13 所示。

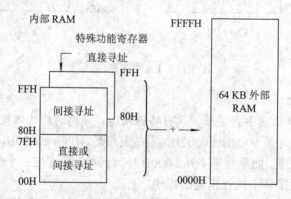

图 1.13　52 子系列数据存储器配置

(3) 51 子系列低 128B 为片内 RAM, 可直接或间接访问, 高 128B 分布着 21 个 FSR, 只能采用直接寻址方式访问。

(4) 52 子系列低 128B 与 51 子系列相同, 高 128B 分为两个: 128B 的 RAM 采用间接寻址方式, 128B 的 FSR 区有 26 个 FSR, 只能采用直接寻址方式。

外部数据存储器只能间接寻址访问, 片外数据存储器一般是 16 位编址。

在单片机中, 其片内数据存储器与片外数据存储器采用独立编址, 地址空间是重叠的。在 8051 单片机中采用 MOV 和 MOVX 两种指令来区分片内、片外 RAM 空间, 其中片内 RAM 使用 MOV 指令, 片外 RAM 和 I/O 端口使用 MOVX 指令。I/O 端口与外部 RAM 采用统一编址, 地址空间共用。可以在外部 RAM 地址空间 0000H～FFFFH 范围内预留部分 I/O 空间。

片外数据存储器与程序存储器的地址空间是重叠的, 但也不会发生冲突, 因为它们是两个独立的地址空间, 具体表现在: ① 使用不同的指令访问, 访问 ROM 空间使用 MOVC 指令; ② 控制信号也不同, 访问程序存储器时, 用 $\overline{\text{PSEN}}$ 信号选通, 而访问片外数据存储器时, 由 $\overline{\text{RD}}$ (读)和 $\overline{\text{WR}}$ (写)选通信号。

2) 内部数据存储器

8051 的内部 RAM 共有 256 个单元, 通常把这 256 个单元按其功能划分为两部分: 低

128 单元(单元地址 00H～7FH)和高 128 单元(单元地址 80H～FFH)。图 1.14 所示为 256 个单元的配置图。

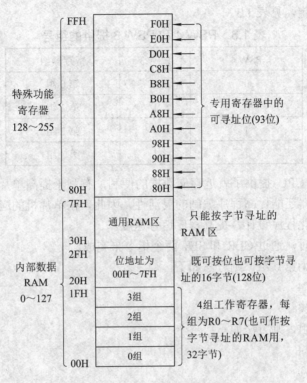

图 1.14 256 个单元的配置图

(1) 寄存器区。8051 共有 4 组寄存器,每组 8 个寄存单元,各组都以 R0～R7 作为寄存单元编号。寄存器常用于存放操作数中间结果等。由于它们的功能及使用不预先规定,因此称为通用寄存器,有时也叫工作寄存器。4 组通用寄存器占据内部 RAM 的 00H～1FH 单元地址。图 1.15 所示为低 128 单元的配置图。

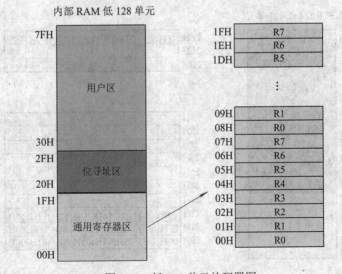

图 1.15 低 128 单元的配置图

在任一时刻,CPU 只能使用其中的一组寄存器,并且把正在使用的那组寄存器称为"当前寄存器组"。到底使用哪一组,由程序状态字寄存器 PSW 中 RS1、RS0(PSW.4、PSW.3)位的状态组合来决定,见表 1.3。

表 1.3　PSW.4 和 PSW.3 提供的组号

PSW.4	PSW.3	寄存器组
0	0	第 0 组
0	1	第 1 组
1	0	第 2 组
1	1	第 3 组

通用寄存器为 CPU 提供了就近存储数据的便利,有利于提高单片机的运行速度。此外,使用通用寄存器还能提高程序编制的灵活性,因此,在单片机的应用编程中应充分利用这些寄存器来简化程序设计,提高程序运行速度。

设定寄存器组时,通过 CLR 和 SET 两个指令来完成。

例如,要设定为第 0 组,则方法如下:

```
CLR    PSW.4;
CLR    PSW.3;
```

要设定为第 1 组,则方法如下:

```
CLR    PSW.4;
SET    PSW.3;
```

(2) 位寻址区。内部 RAM 的 20H～2FH 单元既可作为一般 RAM 单元使用,进行字节操作,也可以对单元中每一位进行位操作,因此把该区称为位寻址区。位寻址区共有 16 个 RAM 单元,共计 128 位,地址为 00H～7FH。8051 具有布尔处理机功能,这个位寻址区可以构成布尔处理机的存储空间。这种位寻址能力是 8051 的一个重要特点。图 1.16 所示为位寻址区示意图,表 1.4 所示为位地址。

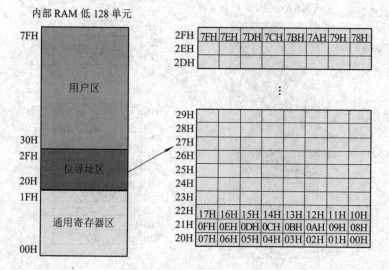

图 1.16　位寻址区示意图

表 1.4　位　地　址

字节地址	位　地　址							
	D7	D6	D5	D4	D3	D2	D1	D0
2FH	7FH	7EH	7DH	7CH	7BH	7AH	79H	78H
2EH	77H	76H	75H	74H	73H	72H	71H	70H
2DH	6FH	6EH	6DH	6CH	6BH	6AH	69H	68H
2CH	67H	66H	65H	64H	63H	62H	61H	60H
2BH	5FH	5EH	5DH	5CH	5BH	5AH	59H	58H
2AH	57H	56H	55H	54H	53H	52H	51H	50H
29H	4FH	4EH	4DH	4CH	4BH	4AH	49H	48H
28H	47H	46H	45H	44H	43H	42H	41H	40H
27H	3FH	3EH	3DH	3CH	3BH	3AH	39H	38H
26H	37H	36H	35H	34H	33H	32H	31H	30H
25H	2FH	2EH	2DH	2CH	2BH	2AH	29H	28H
24H	27H	26H	25H	24H	23H	22H	21H	20H
23H	1FH	1EH	1DH	1CH	1BH	1AH	19H	18H
22H	17H	16H	15H	14H	13H	12H	11H	10H
21H	0FH	0EH	0DH	0CH	0BH	0AH	09H	08H
20H	07H	06H	05H	04H	03H	02H	01H	00H

(3) 用户 RAM 区。在内部 RAM 低 128 单元中，通用寄存器占去 32 个单元，位寻址区占去 16 个单元，剩下 80 个单元，这 80 个单元就是供用户使用的一般 RAM 区，其单元地址为 30H～7FH，如图 1.17 所示。对用户 RAM 区的使用没有任何规定或限制，但在一般应用中常把堆栈开辟在此区中。

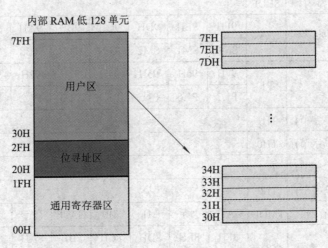

图 1.17　用户 RAM 区

(4) SFR(特殊功能寄存器)，具体分配如下：

① 内部数据存储器高 128 单元。内部 RAM 的高 128 单元是供给专用寄存器使用的，因为这些寄存器的功能已作专门规定，故称为专用寄存器(Special Function Register)，也可称为特殊功能寄存器。8051 中共定义了 21 个特殊功能寄存器，它们离散地分布在单元地址为 80H～FFH 的 128 个特殊功能寄存器地址空间中，其名称和字节地址如表 1.5 所示。

表 1.5 特殊功能寄存器地址名称和字节地址

SFR 名称	符号	位地址/位定义名/位编号								字节地址
		D7	D6	D5	D4	D3	D2	D1	D0	
寄存器 B	B	F7H	F6H	F5H	F4H	F3H	F2H	F1H	F0H	(F0H)
累加器 A	ACC	F7H	F6H	F5H	F4H	F3H	F2H	F1H	F0H	(E0H)
		ACC.7	ACC.6	ACC.5	ACC.4	ACC.3	ACC.2	ACC.1	ACC.0	
程序状态字寄存器	PSW	D7H	D6H	D5H	D4H	D3H	D2H	D1H	D0H	(D0H)
		CY	AC	F0	RS1	RS0	OV	F1	P	
		PSW.7	PSW.6	PSW.5	PSW.4	PSW.3	PSW.2	PSW.1	PSW.0	
中断优先级控制寄存器	IP	BFH	BEH	BDH	BCH	BBH	BAH	B9H	B8H	(B8H)
				PS	PT1	PX1	PT0	PX0		
I/O 端口 3	P3	B7H	B6H	B5H	B4H	B3H	B2H	B1H	B0H	(B0H)
		P3.7	P3.6	P3.5	P3.4	P3.3	P3.2	P3.1	P3.0	
中断允许控制寄存器	IE	AFH	AEH	ADH	ACH	ABH	AAH	A9H	A8H	(A8H)
		EA			ES	ET1	EX1	ET0	EX0	
I/O 端口 2	P2	A7H	A6H	A5H	A4H	A3H	A2H	A1H	A0H	(A0H)
		P2.7	P2.6	P2.5	P2.4	P2.3	P2.2	P2.1	P2.0	
串行数据缓冲器	SBUF									99H
串行控制寄存器	SCON	9FH	9EH	9DH	9CH	9BH	9AH	99H	98H	(98H)
		SM0	SM1	SM2	REN	TB8	RB8	TI	RI	
I/O 端口 1	P1	97H	96H	95H	94H	93H	92H	91H	90H	(90H)
		P1.7	P1.6	P1.5	P1.4	P1.3	P1.2	P1.1	P1.0	
定时器/计数器 1(高字节)	TH1									8DH
定时器/计数器 0(高字节)	TH0									8CH
定时器/计数器 1(低字节)	TL1									8BH
定时器/计数器 0(低字节)	TL0									8AH
工作方式选择寄存器	TMOD	GATE	C/$\overline{T}$	M1	M0	GATE	C/$\overline{T}$	M1	M0	89H
控制寄存器	TCON	8FH	8EH	8DH	8CH	8BH	8AH	89H	88H	(88H)
		TF1	TR1	TF0	TR0	TE1	IT1	IE0	IT0	

续表

SFR 名称	符号	位地址/位定义名/位编号								字节地址
		D7	D6	D5	D4	D3	D2	D1	D0	
电源控制及波特率选择	PCON	SMOD				GF1	GF0	PD	IDL	87H
数据指针(高字节)	DPH									83H
数据指针(低字节)	DPL									82H
堆栈指针	SP									81H
I/O 端口 0	P0	87H	86H	85H	84H	83H	82H	81H	80H	(80H)
		P0.7	P0.6	P0.5	P0.4	P0.3	P0.2	P0.1	P0.0	

② 累加器(ACC)(E0H)。累加器为 8 位寄存器，是程序中最常用的专用寄存器。加、减、乘、除等算术运算指令的运算结果都存放在累加器 A 或 AB 寄存器中，在变址寻址方式中累加器被作为变址寄存器使用。

③ 寄存器 B (F0H)。寄存器 B 为 8 位寄存器，主要用于乘、除指令中。

④ 堆栈指针(SP)(81H)。堆栈指针为 8 位寄存器，用于存放栈顶地址。

⑤ 程序状态字(PSW)(D0H)。程序状态字是一个 8 位寄存器，它包含程序的状态信息，如图 1.18 所示。

位序	PSW.7	PSW.6	PSW.5	PSW.4	PSW.3	PSW.2	PSW.1	PSW.0
位标志	CY	AC	F0	RS1	RS0	OV	F1	P

图 1.18　程序状态字(PSW)

程序状态字各位含义如下：

• CY(PSW.7)：进位/借位标志位。若 ACC 在运算过程中发生了进位或借位，则 CY=1；否则 CY=0。它也是布尔处理器的位累加器，可用于布尔操作。

• AC(PSW.6)：半进位/借位标志位。若 ACC 在运算过程中 D3 位向 D4 位发生了进位或借位，则 AC=1，否则 AC=0。机器在执行"DA A"指令时要自动判断这一位，可以暂时不关心它。

• F0(PSW.5)：可由用户定义的标志位。

• RS1(PSW.4)、RS0(PSW.3)：工作寄存器组选择位。

• OV(PSW.2)：溢出标志位。OV=1 时特指累加器在进行带符号数(−128~+127)运算时出错(超出范围)；OV=0 时未出错。

• F1(PSW.1)：可由用户定义的标志位。

• P(PSW.0)：奇偶标志位。P=1 表示累加器中"1"的个数为奇数；P=0 表示累加器中"1"的个数为偶数。

⑥ 数据指针(DPTR)(DPH\DPL、83H\82H)。数据指针(DPTR)为一个 16 位的专用寄存器，其高位用 DPH 表示，其低位用 DPL 表示。它既可以作为一个 16 位的寄存器来使用，也可作为两个 8 位寄存器 DPH 和 DPL 使用，分别占据 83H 和 82H 两个地址。DPTR 在访问外部数据存储器时用来存放 16 位地址，作为间址寄存器使用。在访问程序存储器时，

用作基址寄存器。

⑦ I/O 端口 P0～P3(80H、90H、A0H、B0H)。P0～P3 为 4 个 8 位的特殊功能寄存器,分别是 4 个并行 I/O 端口的锁存器。

⑧ 中断管理相关的寄存器,分为中断允许控制寄存器 IE(A8H)和中断优先级控制寄存器 IP(B8H)。

1.6.4 单片机输入/输出端口

8051 有 4 个 8 位并行输入/输出端口:P0、P1、P2 和 P3 端口(以下简称口)。这 4 个端口既可以并行输入或输出 8 位数据,又可以按位使用,即每 1 位均能独立作输入或输出用。每个端口的功能虽有所不同,但都具有 1 个锁存器(即特殊功能寄存器 P0～P3)、1 个输出驱动器和 2 个(P3 端口为 3 个)三态缓冲器。下面分别介绍各口的结构、原理及功能。在具有片外存储器的系统中,P0 端口作为低 8 位地址线以及 8 位双向数据线,P2 端口作为高 8 位地址线。

P1 端口仅用于输入/输出,P3 端口具有第二功能,除作为 I/O 端口外,还可提供串口数据输入/输出、外部中断请求输入、定时器/计数器外部输入以及外部数据存储器的读写控制信号等。

1. P0 端口的结构及工作原理

1) P0 端口的结构

P0 端口 8 位中的一位结构如图 1.19 所示。

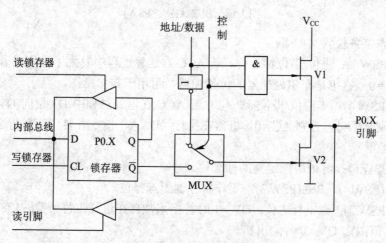

图 1.19　P0 端口一位结构图

图 1.19 中各组成部分的功能如下:

(1) 输入缓冲器。在 P0 端口中,有两个三态的缓冲器(三态门有三个状态,即其输出端可以是高电平、低电平或高阻状态),一个是读锁存器缓冲器,也就是说,要读取 D 锁存器输出端 Q 的数据,就得使读锁存器的这个缓冲器的三态控制端有效,另一个是读引脚缓冲器,要读取 P0.X 引脚上的数据,也要使标号为"读引脚"的这个三态缓冲器的控制端有效,引脚上的数据才会传输到单片机的内部数据总线上。

(2) D 锁存器。一个触发器可以保存一位的二进制数(即具有保持功能)，在 8051 的 32 条 I/O 端口线中都是用一个 D 触发器来构成锁存器的。图 1.19 中的锁存器，其 D 端是数据输入端，CL 是控制端(也就是时序控制信号输入端)，Q 是输出端，$\overline{Q}$ 是反向输出端。

对于 D 触发器，当 D 输入端有一个输入信号时，如果控制端 CL 没有信号(即时序脉冲没有到来)，那么输入端 D 的数据无法传输到输出端 Q 及反向输出端 $\overline{Q}$。时序控制端 CL 的时序脉冲一旦到达，D 端输入的数据就会传输到 Q 及 $\overline{Q}$ 端。数据传送过来后，如果时序控制端 CL 的时序信号消失，输出端还会保持着上次输入端 D 的数据(即把上次的数据锁存起来了)。如果下一个时序控制脉冲信号到来，D 端的数据才再次传送到 Q 端，从而改变 Q 端的状态。

(3) 多路开关(MUX)。在 8051 中，当内部的存储器够用，也就是不需要外部扩展存储器(这里讲的存储器包括数据存储器及程序存储器)时，P0 端口可以作为通用的输入/输出端口(即 I/O 端口)使用；对于 8031(内部没有 ROM)的单片机或者编写的程序超过了单片机内部的存储器容量，需要外扩存储器时，P0 端口就作为“地址/数据”总线使用。那么这个多路选择开关就是用于选择是作为普通 I/O 端口使用还是作为“数据/地址”总线使用的选择开关了。当多路开关与下面接通时，P0 端口是作为普通 I/O 端口使用的；当多路开关与上面接通时，P0 端口是作为“地址/数据”总线使用的。

(4) 输出驱动部分。从图 1.19 中我们已看出，P0 端口的输出是由两个 MOS 管组成的推拉式结构，也就是说，这两个 MOS 管一次只能导通一个，当 V1 导通时，V2 就截止，当 V2 导通时，V1 截止。

2) P0 端口作为 I/O 端口使用时的工作原理

P0 端口作为 I/O 端口使用时，多路开关的控制信号为 0(低电平)，图 1.19 中与门输出的也是一个 0(低电平)，V1 管就截止，且多路开关是与锁存器的 $\overline{Q}$ 端相接的(即 P0 端口作为 I/O 端口线使用)。

P0 端口用作 I/O 端口线时，其由数据总线向引脚输出(即输出状态)的工作过程如下：当写锁存器信号 CL 有效时，数据总线的信号由锁存器的输入端 D→锁存器的反向输出端 $\overline{Q}$→多路开关→V2 管的栅极→V2 的漏极到输出端 P0.X。由于当多路开关的控制信号为低电平时，与门输出为低电平，V1 管是截止的，所以作为输出口时，P0 端口是漏极开路输出，类似于 OC 门，当驱动上接电流负载时，需要外接上拉电阻。

P0 端口用作 I/O 端口线，其由引脚向内部数据总线输入(即输入状态)的工作过程在数据输入时(读 P0 端口)有两种情况：

(1) 读引脚。读芯片引脚上的数据时，读引脚缓冲器打开(即三态缓冲器的控制端要有效)，通过内部数据总线输入。

(2) 读锁存器。读锁存器是指通过打开读锁存器三态缓冲器读取锁存器输出端 Q 的状态。

在输入状态下，从锁存器和从引脚上读来的信号一般是一致的，但也有例外。例如，当从内部总线输出低电平后，锁存器 Q = 0，$\overline{Q}$ = 1，场效应管 V2 导通，端口线呈低电平状态。此时无论端口线上外接的信号是低电平还是高电平，从引脚读入单片机的信号都是低电平，因而不能正确地读入端口引脚上的信号。又如，当从内部总线输出高电平后，锁存器 Q = 1，$\overline{Q}$ = 0，场效应管 V2 截止。如外接引脚信号为低电平，从引脚上读入的信号就与从锁存器读入的信号不同。为此，8031 单片机对于端口 P0～P3 的输入操作上有如下约定：凡属于"读—修改—写"方式的指令，从锁存器读入信号，其他指令则从端口引脚线上读入信号。

"读—修改—写"指令的特点是：从端口输入(读)信号，在单片机内加以运算(修改)后再输出(写)到该端口上。下面是几条"读—修改—写"指令的例子。

    ANL P0, #立即数

功能：P0→立即数&P0。

    ORL P0, A

功能：P0→A | P0。

    INC P1

功能：P1+1→P1。

    DEC P3

功能：P3−1→P3。

    CPL P2

功能：P2→P2.

以上这样安排的原因在于"读—修改—写"指令需要得到端口原输出的状态，修改后再输出，读锁存器而不是读引脚，可以避免因外部电路的原因而使原端口的状态被读错。P0 端口是 8051 单片机的总线口，分时输出数据 D7～D0、低 8 位地址 A7～A0 以及三态，用来连接存储器、外部电路与外部设备。P0 端口是使用最广泛的 I/O 端口。

3) P0 端口作为地址/数据复用口使用时的工作原理

在访问外部存储器时 P0 端口作为地址/数据复用口使用。

这时多路开关"控制"信号为 1，"与门"解锁，"与门"输出信号电平由"地址/数据"线信号决定；多路开关与反相器的输出端相连，地址信号由"地址/数据"线→反相器→V2 场效应管栅极→V2 漏极输出。

例如，控制信号为 1，地址信号为 0 时，与门输出低电平，V1 管截止；反相器输出高电平，V2 管导通，输出引脚的地址信号为低电平。反之，控制信号为 1，地址信号为 1 时，"与门"输出为高电平，V1 管导通；反相器输出低电平，V2 管截止，输出引脚的地址信号为高电平。

可见，在输出"地址/数据"信息时，V1、V2 管是交替导通的，负载能力很强，可以直接与外部存储器相连，无需增加总线驱动器。

4) P0 端口还可作为数据总线使用

在访问外部程序存储器时，P0 端口输出低 8 位地址信息后将变为数据总线，以便读指令码(输入)。

在取指令期间，"控制"信号为 0，V1 管截止，多路开关也跟着转向锁存器反相输出端 $\overline{Q}$；CPU 自动将 0FFH(11111111，即向 D 锁存器写入一个高电平 1)写入 P0 端口锁存器，使 V2 管截止，在读引脚信号控制下，通过读引脚三态门电路将指令码读到内部总线。

　　如果该指令是输出数据，如"MOVX @DPTR, A;"(将累加器的内容通过 P0 端口数据总线传送到外部 RAM 中)，则多路开关控制信号为 1，与门解锁，与输出地址信号的工作流程类似，数据由地址/数据线→反相器→V2 场效应管栅极→V2 漏极输出。

　　如果该指令是输入数据(读外部数据存储器或程序存储器)，如"MOVX A, @DPTR;"(将外部 RAM 某一存储单元内容通过 P0 端口数据总线输入到累加器 A 中)，则输入的数据仍通过读引脚三态缓冲器到内部总线。

　　通过以上的分析可以看出，当 P0 端口作为地址/数据总线使用时，在读指令码或输入数据前，CPU 自动向 P0 端口锁存器写入 0FFH，破坏了 P0 端口原来的状态。因此，P0 端口不能再作为通用的 I/O 端口，即程序中不能再含有以 P0 端口作为操作数(包含源操作数和目的操作数)的指令。

2. P1 端口的结构及工作原理

　　P1 端口的结构最简单，用途也单一，仅作为数据输入/输出端口使用。输出数据时，内部总线输出的数据经锁存器和场效应管后锁存在接口线上，输入有读引脚和读锁存器之分。P1 端口的一位结构如图 1.20 所示。

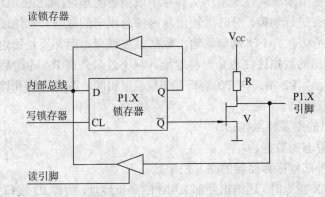

图 1.20　P1 端口的一位结构图

　　P1 端口与 P0 端口的主要差别在于，P1 端口用内部上拉电阻 R 代替了 P0 端口的场效应管 V1，并且输出的信息仅来自内部总线。由内部总线输出的数据经锁存器反相和场效应管反相后，锁存在端口线上，所以，P1 端口是具有输出锁存的静态口。

　　要正确地从引脚上读入外部信息必须先使场效应管关断，以便由外部输入的信息确定引脚的状态。为此，在作引脚读入前必须先对该端口写入 1。具有这种操作特点的输入/输出端口称为准双向 I/O 口。8051 单片机的 P1、P2、P3 都是准双向 I/O 口。P0 端口由于输出有三态功能，输入前端口线已处于高阻态，无需先写入 1 后再进行读操作。

　　单片机复位后，各个端口已自动地被写入了 1，此时，可直接进行输入操作。如果在应用端口的过程中，已向 P1～P3 端口线输出过 0，则再要输入时，必须先写 1 后再读引脚，才能得到正确的信息。

3. P2 端口的结构及工作原理

1) P2 端口的结构

P2 端口的一位结构如图 1.21 所示。

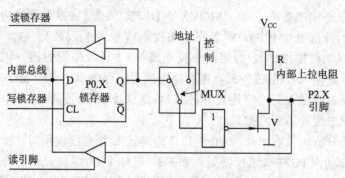

图 1.21　P2 端口的一位结构图

P2 端口在片内既有上拉电阻，又有 MUX，所以 P2 端口在功能上兼有 P0 端口和 P1 端口的特点。这主要表现在输出功能上，当多路开关向下接通时，从内部总线输出的一位数据经反相器和场效应管反相后，输出在端口引脚线上；当多路开关向上时，输出的一位地址信号也经反相器和场效应管反相后，输出在端口引脚线上。

8031 单片机必须外接程序存储器才能构成应用电路(或者该应用电路扩展了外部存储器)，而 P2 端口就是用来周期性地输出从外存中取指令的地址(高 8 位地址)，因此，P2 端口的多路开关总是在进行切换，分时地输出从内部总线来的数据和从地址信号线上来的地址。因此 P2 端口是动态的 I/O 端口。输出数据虽被锁存，但并不是稳定地出现在端口线上。其实，这里输出的数据往往也是一种地址，只不过是外部 RAM 的高 8 位地址。

在输入功能方面，P2 端口与 P0 端口和 P1 端口相同，有读引脚和读锁存器之分，并且 P2 端口也是准双向口。

可见，P2 端口的主要特点包括：

(1) 不能输出静态的数据。

(2) 自身输出外部程序存储器的高 8 位地址。

(3) 执行 MOVX 指令时，还输出外部 RAM 的高位地址，故称 P2 端口为动态地址端口。

P2 端口既可以作为 I/O 端口使用，也可以作为地址总线使用。

2) P2 端口作为 I/O 端口使用时的工作过程

当没有外部程序存储器或虽然有外部数据存储器，但容积不大于 256B，即不需要高 8 位地址时(在这种情况下，不能通过数据地址寄存器 DPTR 读写外部数据存储器)，P2 端口可以作为 I/O 端口使用。这时，"控制"信号为 0，多路开关转向锁存器同相输出端 Q，输出信号经内部总线→锁存器同相输出端 Q→反相器→V2 管栅极→V2 漏极输出。

V2 漏极带有上拉电阻，可以提供一定的上拉电流，负载能力约为 8 个 TTL 与非门。作为输出口前，同样需要向锁存器写入 1，使反相器输出低电平，V2 管截止，即引脚悬空时为高电平，防止引脚被钳位在低电平。读引脚有效后，输入信息经读引脚三态门电路到内部数据总线。

3) P2 端口作为地址总线使用时的工作过程

P2 端口作为地址总线时，"控制"信号为 1，多路开关接向地址线(即向上接通)，地址信息经反相器→V2 管栅极→漏极输出。由于 P2 端口输出高 8 位地址，与 P0 端口不同，无需分时使用，因此 P2 端口上的地址信息(程序存储器上的 A15～A8)由于数据地址寄存器高 8 位 DPH 保存时间长，无需锁存。

4．P3 端口的结构及工作原理

1）P3 端口的结构

P3 端口是一个多功能口，它除了可以作为 I/O 端口外，还具有第二功能。P3 端口的一位结构如图 1.22 所示。

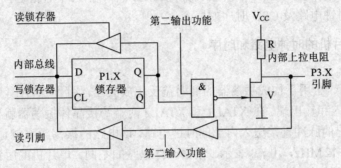

图 1.22　P3 端口的一位结构图

2）P3 端口工作原理

P3 端口和 P1 端口的结构相似，区别仅在于 P3 端口的各端口线有两种功能选择。

当处于第一功能时，第二输出功能线为 1，此时，内部总线信号经锁存器和场效应管输入/输出，其作用与 P1 端口相同，也是静态准双向 I/O 端口。

当处于第二功能时，锁存器输出 1，通过第二输出功能线输出特定的信号；在输入方面，既可以通过缓冲器读入引脚信号，还可以通过替代输入功能读入片内的特定第二功能信号。由于输出信号锁存并且有双重功能，故 P3 端口为静态双功能端口。

使 P3 端口各线处于第二功能的条件是：

(1) 串行 I/O 处于运行状态(RXD，TXD)。

(2) 打开了外部中断(INT0，INT1)。

(3) 定时器/计数器处于外部计数状态(T0，T1)。

(4) 执行读写外部 RAM 的指令(RD，WR)。

在应用中，如不设定 P3 端口各位的第二功能(WR、RD 信号的产生不用设置)，则 P3 端口线自动处于第一功能状态，也就是静态 I/O 端口的工作状态。在更多的场合是根据应用的需要，把几条端口线设置为第二功能，而另外几条端口线处于第一功能运行状态。在这种情况下，不宜对 P3 端口进行字节操作，需采用位操作的形式。

端口的负载能力和输入/输出操作如下：

P0 端口能驱动 8 个 LSTTL 负载，如需增加负载能力，可在 P0 总线上增加总线驱动器。P1、P2、P3 端口各能驱动 4 个 LSTTL 负载。

由于 P0～P3 端口已映射成特殊功能寄存器中的 P0～P3 端口寄存器，所以对这些端口寄存器的读/写就实现了信息从相应端口的输入/输出。例如：

```
MOV A, P1;        //把 P1 端口线上的信息输入到 A//
MOV P1, A;        //把 A 的内容由 P1 端口输出//
MOV P3, #0FFH;    //使 P3 端口线各位置 1//
```

1.6.5　单片机低功耗工作方式与时序

单片机工作是在统一的时序脉冲控制下一拍一拍地进行的，这个脉冲是单片机控制器中的时序电路发出的。单片机的时序就是 CPU 在执行指令时所需控制信号的时间顺序。为了保证各部件间的同步工作，单片机内部电路应在唯一信号下严格地按时序进行工作。下面介绍 8051 时钟电路及 CPU 时序的概念。

1. 8051 单片机的时钟电路和时序

1) 时钟电路

8051 内部有一个用于构成振荡器的高增益反相放大器，引脚 XTAL1 和 XTAL2 分别是此放大器的输入和输出端。在 XTAL1 和 XTAL2 两端跨接晶体振荡器就构成了稳定的自激振荡器，其发出的脉冲直接送入内部的时钟电路。该电路的振荡频率就是晶体固有频率，工作频率为 1.2～12 MHz，用 f_{osc} 表示。根据硬件电路的不同，单片机的时钟连接方式可分为内部时钟方式和外部时钟方式，如图 1.23 所示。

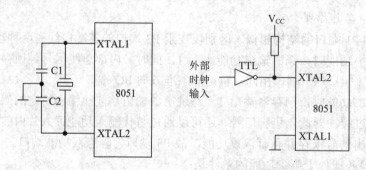

(a) 内部时钟方式电路　　　　　　(b) 外部时钟方式电路

图 1.23　时钟电路图

外接时钟电路是利用外部振荡脉冲接入 XTAL1 和 XTAL2，而 HMOS 和 CHMOS 的接入方式有所不同。HMOS 的 XTAL1 接地，XTAL2 接片外时钟脉冲输入端(引脚接上拉电阻)。CHMOS 的 XTAL1 外接时钟输入，XTAL2 悬空。按不同工艺制造的单片机芯片外接振荡器时的接法如表 1.6 所示。

表 1.6　外接振荡器接法

芯片类型	接　　法	
	XTAL1	XTAL2
CHMOS	接外部振荡器脉冲输入端(带上拉电阻)	悬空
HMOS	接地	接外部振荡器脉冲输入端(带上拉电阻)

单片机的定时控制功能是通过一系列时序信号来完成的。8051 的时序信号有两类：一类用于片内各功能部件的控制，这类信号对用户来说是没有意义的；另一类用于片外存储器或 I/O 端口的控制，通过单片机的引脚送到片外，这部分时序信号对于分析或设计硬件电路是至关重要的。8051 时序信号产生逻辑图如图 1.24 所示。

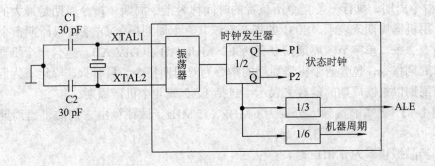

图 1.24　8051 时序信号产生逻辑图

2) 指令时序

单片机的时序定时单位共有 4 个,从小到大依次是振荡周期(节拍)、状态周期、机器周期和指令周期。

(1) 振荡周期。振荡周期指为单片机提供定时信号的振荡源的周期或外部输入时钟的周期。振荡周期是单片机中最基本、最小的时间单位,定义为时钟脉冲频率 f_{osc} 的倒数。

(2) 状态周期。状态周期又称作状态时间 S,它是振荡周期的两倍,它分为 P_1 节拍和 P_2 节拍,通常在 P_1 节拍完成算术逻辑操作,在 P_2 节拍完成内部寄存器之间的传送操作。

ALE 周期信号。状态周期经 3 分频(振荡周期的 6 分频)后形成 ALE 周期信号。单片机访问片外程序存储器(取指令)、片外数据存储器或 I/O 端口(读/写数据)控制地址锁存。ALE 在一个机器周期两次有效。

(3) 机器周期。状态周期经 6 分频(振荡周期的 12 分频)形成机器周期定时信号。机器周期是单片机指令操作的定时单位。如单周期指令在一个机器周期内完成指令操作;双周期指令在 2 个机器周期内完成指令操作。一个机器周期包含 6 个状态周期,用 S_1、S_2、$\cdots$、S_6 表示,共 12 个节拍,依次可表示为 S_1P_1、S_1P_2、S_2P_1、S_2P_2、$\cdots$、S_6P_1、S_6P_2,如图 1.25 所示。

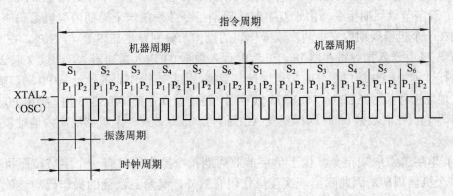

图 1.25　时序信号图

单片机执行一条指令的各种内部微操作,都在规定的状态周期的规定节拍发生。如 ALE 在一个机器周期两次有效发生在 S_1P_2 和 S_4P_2,产生地址锁存操作。振荡频率确定后,机器周期随之确定。如振荡频率是 12 MHz,则一个机器周期时间就是 1 μs;如振荡频率是 6 MHz,则一个机器周期时间就是 2 μs。

(4) 指令周期。执行一条指令所花费的时间称为指令周期。指令周期是最大的时序定时单位，用机器周期来表示。8051 的指令系统共有单周期指令 68 条，双周期指令 41 条，四周期指令 2 条。单字节四周期指令有两条：MUL AB 和 DIV AB。包含一个机器周期的指令为单周期指令，包含两个机器周期的指令为双周期指令。只有乘、除运算为四周期指令。指令周期以机器周期的倍数来表示，包括 1、2 或 4 个机器周期。

【例 1-1】 已知晶振频率分别为 6 MHz、12 MHz，试计算出它们的机器周期和指令周期。

解 当晶振频率为 6 MHz 时，

$$振荡周期 = \frac{1}{振荡频率} = \frac{1}{6}\ (\mu s)$$

$$机器周期 = 12 \times 振荡周期 = 12 \times \frac{1}{6}\ (\mu s) = 2\ (\mu s)$$

$$指令周期 = (1\sim 4) \times 机器周期 = 2\sim 8\ (\mu s)$$

当晶振频率为 12 MHz 时，

$$振荡周期 = \frac{1}{振荡频率} = \frac{1}{12}\ (\mu s)$$

$$机器周期 = 12 \times 振荡周期 = 1\ (\mu s)$$

$$指令周期 = (1\sim 4) \times 机器周期 = 1\sim 4\ (\mu s)$$

由此可见，单片机在晶振频率为 12 MHz 时，执行一条指令最多需要 1~4 μs。

3) 8051 指令的取指、执行时序

现按 4 类指令介绍 CPU 时序。因为 CPU 工作的过程就是取指令与执行指令的过程，所以 CPU 必须先取出指令，然后才能执行指令。

(1) 单字节单周期指令。由于单字节单周期指令操作码只有一个字节，因此第一次读操作码有效，而第二次读的操作码将被丢弃，即读 1 丢 1，且程序计数器 PC 不加 1。

(2) 双字节单周期指令。由于双字节单周期指令必须在一个周期内取机器码两次，所以必须在一个机器周期内安排两次读操作码的操作，分别发生在 S_1P_2 与 S_4P_2。在 S_1P_2 读入机器码 74 并送入指令寄存器 IR，在 S_4P_2 读入数据 03 送入累加器 A，即读 2 取 2。在指令的执行过程中，P0 端口要分时传送地址与数据，因此当操作码的地址从 P0 端口输出后，必须发地址锁存信号 ALE 给 74LS373 锁存器，将地址锁存在 74LS373 内，腾出 P0 端口读入机器码 74。在取数据 03 时同样要发 ALE 信号。因此，在一个机器周期内地址锁存信号两次有效。

(3) 单字节双周期指令。由于单字节双周期指令操作码只有一个字节，而执行时间长达 2 个机器周期，因此除第一次读操作码有效外，其余三次读的操作码均被放弃，即读 1 丢 3。

(4) 访问外部存储器指令 MOVX。执行访问外部存储器指令 MOVX 时，首先从程序存储器中取出指令，然后从外部数据存储器中取出数据，因此该指令执行时序图与前三类指令不同。由于 MOVX 是单字节双周期指令，所以在取指令阶段(即第一个机器周期的 S_1P_1 到 S_4P_2)是读 1 丢 1，而在执行指令读数据阶段(即第一个机器周期的 S_5 到第二个机器周期

的 S_3)所完成的操作如下：

① 先将外部数据存储单元的地址 ADDR 由 DPTR 从 P0 端与 P2 端口输出，即时序图中的 S_5P_1 到 S_6P_2 阶段，并在 S_4P_2 到 S_5P_2 阶段发出 ALE 信号将地址锁存。

② 在第二个机器周期 S_1P_2 到 S_2P_2 内取消 ALE 与程序选通信号 PSEN(即取消取指操作)，使 P0 端口专门用于传送数据。同时发读信号，通过 P0 端口将外部数据存储单元中的数据传送到累加器 A 中，即时序图的 S_6P_2 到 S_4P_1 阶段。

③ 由于锁存的地址为外部数据存储单元的地址，所以在第二个机器周期 S_4 取消取指令的操作，即不再发程序选通信号 PSEN。

注意：由于执行 MOVX 指令时，在第二个机器周期中要少发一次 ALE 信号，所以 ALE 的频率是不稳定的。

2. 8051 的复位电路

系统开始运行和重新启动靠复位电路来实现，复位使 CPU 和其他部件处于一个确定的初始状态，并从这个状态开始工作。

单片机的复位电路有两种：上电自动复位和按键手动复位，如图 1.26 所示。

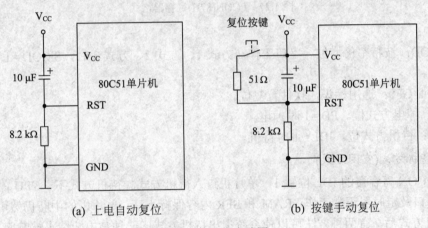

(a) 上电自动复位　　　　(b) 按键手动复位

图 1.26　复位电路图

8051 有一个复位引脚 RST，高电平有效。复位的条件是：在时钟电路工作以后，当外部电路在 RST 引脚施加持续 2 个机器周期(24 个振荡周期)以上的高电平时，系统内部复位。复位后各特殊功能寄存器的初始状态如表 1.7 所示。

表 1.7　复位后各特殊功能寄存器的初始状态

特殊功能寄存器	内容初始状态	特殊功能寄存器	内容初始状态	特殊功能寄存器	内容初始状态
B	00H	SBUF	不定	TMOD	00H
A	00H	SCON	00H	TCON	00H
PSW	00H	TL1	00H	PCON	00H
IP	$\times\times\times$00000B	TL0	00H	DPL	00H
P0、P1、P2、P3	FFH	TH1	00H	DPH	00H
IE	0$\times\times$00000B	TH0	00H	SP	07H

(1) P0～P3＝FFH，表明复位后各并行 I/O 端口的锁存器已写入"1"，此时不但可用于输出，也可以用于输入。

(2) PSW＝00H，表明当前 CPU 的工作寄存器选为 0 组。

(3) SP＝07H，表明堆栈指针指向片内 RAM 的 07H 单元(第一个被压入的内容将写入到 08H 单元)。因为复位后工作寄存器选为 0 组(地址为 00H～07H)，所以堆栈只能选在 07H 以上的地址。

(4) 程序计数器 PC＝0000H(注：PC 为数据指针，不属于特殊功能计数器)。

3. 单片机的低功耗方式

8051 有待机和掉电保护两种低功耗方式，通过设置电源控制寄存器 PCON 的相关位可以确定当前的低功耗方式。

PCON(87H)寄存器格式如图 1.27 所示。

位序	B7	B6	B5	B4	B3	B2	B1	B0
位符号	SMOD	—	—	—	GF1	GF0	PD	IDL

图 1.27　PCON(87H)寄存器格式

其中：

SMOD：波特率倍增位。串口工作在方式 1、方式 2、方式 3 时，SMOD＝1 时波特率倍增。

GF1、GF0：通用标识，软件置复位。

PD：掉电方式位。PD＝1 时掉电。

IDL：待机方式位。IDL＝1 时待机。

1) 待机方式(空闲方式)

将 PCON 寄存器的 IDL 位置 1，单片机进入待机方式。待机方式下，CPU 停止工作，中断、串口及定时器正常工作，RAM 和 SFR 内容保持不变，单片机的中断仍然可以使用。进入待机方式后，有两种方法可以使系统退出待机方式：一种是中断请求被响应后由硬件将 PCON.0(IDL)清为 0；另一种是硬件复位 RST 端的复位信号直接将 PCON.0(IDL)清为 0。

2) 掉电保护方式(停机方式)

将 PCON 寄存器的 PD 位置 1，单片机进入掉电保护方式。如果单片机检测到电源电压过低，此时除了进行信息保护外，还需将 PD 位置 1，使单片机进入掉电保护方式。掉电方式下电源只向 RAM 和 SFR 供电，保持数据不丢失，晶振停振，所有部件均停止工作。硬件复位是计算机退出掉电方式的唯一手段。在掉电工作方式下，V_{CC} 可以降到 2 V。

4. 最小系统

单片机虽然是一个智能化的集成芯片，但本质上还是一个电子元件。既然是电子元件，就必须在一定的电路中才能实现它的功能。就像电阻一样，一个电阻是没有任何意义的，只有将电阻接在电路中，才能实现它的功能，究竟是分压、分流还是限流，得看具体电路。

单片机里虽然集成了很多电路，但仍旧不能独立运行，必须外接一些电路才能使单片机运行起来。这种能使单片机工作的最简电路叫作单片机最小系统(如图 1.28 所示)。

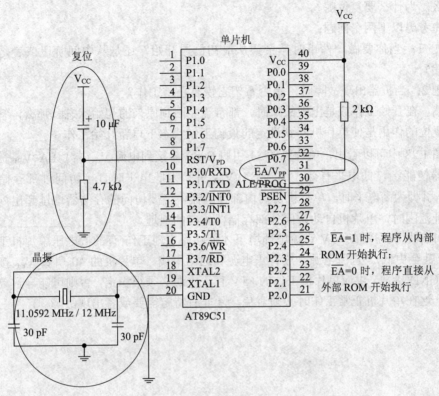

图 1.28　单片机最小系统

图 1.28 中圈起来且标有"晶振"的部分是单片机的时钟电路。晶振是一种具有稳定振荡周期的元件，通过它单片机才能具有时间的概念。晶振不能独立使用，必须配合合适的负载电容。负载电容可以根据单片机技术文档中的说明来选择。8051 一般选择不大于 40 pF 的瓷片电容。为什么要加时钟振荡电路呢？我们来看一个例子：

一个人不可能一整天只做一件事，于是我们把一天需要做的事按照某一个时间顺序进行安排，那么用什么来对时间进行划分呢？智慧的古人很早就用日晷来进行时间的标记，通过日晷将一日划分成 12 个等份，就是我们常说的时辰。有了时辰这个时间概念，就可以方便地进行时间安排了。

为了给单片机一个"日晷"，我们使用了能够输出振荡时钟的晶振。通过晶振输出的时钟脉冲来安排单片机的工作。例如，第一个时钟脉冲出现单片机做什么，第二个时钟脉冲出现单片机做什么，……，第 n 个时钟脉冲出现单片机又做什么……依此进行，这种安排从专业角度上来讲就叫作编程。

图 1.28 中 8051 的复位电路由一个 10 μF 的电容和一个 4.7 kΩ 的电阻组成。这样接线的原因是：8051 的第 9 引脚为复位功能引脚。当该引脚上有连续两个机器周期以上(2 μs 以上)的高电平时，单片机就会复位。而我们的电路设计思路是：电容在充电瞬间是导通的，在这一瞬间电流通过电容器向电阻方向放电，此时电容的"−"端有很高的电势，其在高于 3 V 的情况下均可认为是高电平。而电容的充电是有时间性的，当选择了合适的电容，使其充电时间大于 2 μs 时，复位的条件就成立了。为了能够更稳定地复位，经常会把单片

机复位引脚的高电平时间控制得更长一点，通常会达到 ms 级别。

那么，为什么要复位呢？

首先考虑以下两个问题：

问题 1：当你要做一件事时，希望从最初位置开始？还是从中间阶段或者是从末尾阶段开始？

问题 2：当机器出现故障时，是否希望它恢复正常工作？

显然，在开始工作或是出现故障时，都希望能回到原来的初始状态。那么，答案显而易见，复位的作用是使单片机回到设定的最初工作状态下重新开始工作。

从图 1.28 中可以看出，单片机的 31 引脚 $\overline{EA}/V_{PP}$ 接到电源 V_{CC} 端。$\overline{EA}/V_{PP}$ 是访问外部存储器使能端，低电平有效，即当 $\overline{EA}/V_{PP}$ 引脚为低电平时直接访问外部存储器。当 $\overline{EA}/V_{PP}$ 引脚为高电平时，单片机访问内部存储器，当要访问的存储器地址超出内部存储器的地址范围时，单片机自动访问外部存储器相应的地址。

8051 单片机需要在 +5 V 直流电环境下才能够稳定地工作(有的低电压单片机工作电压为 3.3 V 甚至更低)。直流电源一般有正电源和地两根线。单片机的 40 引脚 V_{CC} 接 +5 V，20 引脚 GND 接地。供应单片机工作的 +5 V 直流电源必须很稳定，否则可能导致单片机频频复位，这在单片机正常工作时必须避免，除非有特定需要或者出现故障。

第 2 章　Keil C51 和 Proteus

2.1　Keil 工程的建立、设置与目标文件的获得

单片机开发中除必要的硬件外，同样离不开软件。我们写的汇编语言源程序要变为
CPU 可以执行的机器码有两种方法，一种是手工汇编，另一种是机器汇编，目前已极少使
用手工汇编的方法了。

机器汇编是通过汇编软件将源程序变为机器码，早期用于 MCS51 单片机的汇编软件
是 A51，随着单片机开发技术的不断发展，从普遍使用汇编语言到逐渐使用高级语言开发，
单片机的开发软件也在不断发展，Keil 是目前最流行的开发 MCS51 系列单片机的软件，
这从近年来各仿真机厂商纷纷宣布全面支持 Keil 即可看出。Keil 提供了包括 C 编译器、宏
汇编、连接器、库管理和一个功能强大的仿真调试器等在内的完整开发方案，通过一个集

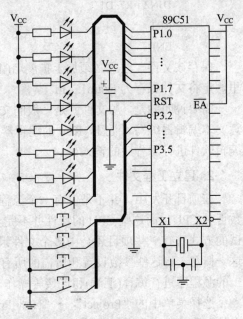

成开发环境(μVision)将这些部分组合在一起。掌
握这一软件对于 51 系列单片机的爱好者来说是
十分必要的，如果使用 C 语言编程，那么 Keil
几乎就是不二之选，即使不使用 C 语言而仅用
汇编语言编程，其方便易用的集成环境、强大
的软件仿真调试工具也会令你事半功倍。

我们将通过一些实例来学习 Keil 软件的使
用，在这一部分我们将学习如何输入源程序，
建立工程，对工程进行详细的设置，以及如何
将源程序变为目标代码。图 2.1 所示电路使用
89C51 单片机作为主芯片，这种单片机属于
MCS51 系列，其内部有 4KB 的 Flash ROM，可
以反复擦写，非常适于做实验。89C51 的 P1.0～
P1.7 引脚接 8 个发光二极管，P3.2～P3.5 引脚接
4 个按钮开关，我们的第一个任务是让接在
P1.0～P1.7 引脚的发光二极管依次循环点亮。

图 2.1　简单的键盘、显示板电路

2.1.1　Keil 工程的建立

首先启动 Keil 软件的集成开发环境，这里假设读者已正确安装了该软件，可以从桌面

上直接双击"μVision"图标启动该软件。

μVison 启动后，程序窗口的左边有一个"工程管理"窗口，该窗口有三个标签，分别是 Files、Regs 和 Books，这三个标签页分别显示当前项目的文件结构、CPU 的寄存器及部分特殊功能寄存器的值(调试时才出现)和所选 CPU 的附加说明文件，如果是第一次启动 Keil，那么这三个标签页全是空的。

1. 源文件的建立

选择菜单中的"File"→"New"选项或者点击工具栏中的"新建文件"，即可在"项目"窗口的右侧打开一个新的"文本编辑"窗口，并在该窗口中输入例 2-1 中的汇编语言源程序。

【例 2-1】

```
        MOV    A, #0FEH
MAIN:   MOV    P1, A
        RL     A
        LCALL DELAY
        AJMP   MAIN
DELAY:  MOV    R7, #255
D1:     MOV    R6, #255
        DJNZ   R6, $
        DJNZ   R7, D1
        RET
        END
```

保存该文件，注意必须加上扩展名(汇编语言源程序一般用 asm 或 a51 为扩展名)，这里假定将文件保存为 exam1.asm。

需要说明的是，源文件就是一般的文本文件，不一定使用 Keil 软件编写，可以使用任意文本编辑器编写。而且，Keil 的编辑器对汉字的支持不够好，建议使用 UltraEdit 之类的编辑软件进行源程序的输入。

2. 建立工程文件

在项目开发中，并不是仅有一个源程序就行了，还要为这个项目选择 CPU(Keil 支持数百种 CPU，而这些 CPU 的特性并不完全相同)，确定编译、汇编、连接的参数，指定调试的方式。有一些项目还会由多个文件组成，为管理和使用方便，Keil 使用工程(Project)这一概念，将这些参数设置和所需的所有文件都加在一个工程中，只能对工程而不能对单一的源程序进行编译(汇编)和连接等操作，下面我们就一步一步地来建立工程。

选择菜单中的"Project"→"New Project..."选项，出现一个对话框，要求给将要建立的工程起一个名字，可以在编辑框中输入一个名字(设为"exam1")，不需要扩展名。点击"保存"，将出现第二个对话框，如图 2.2 所示，这个对话框要求选择目标 CPU(即所用芯片的型号)，Keil 支持的 CPU 很多，我们选择 Atmel 公司的 89C51 芯片。点击 Atmel 前面的"+"号展开该层，点击其中的 89C51，然后再点击"确定"回到主界面。此时，在工程窗口的文件页中出现了"Target1"，前面有"+"号，点击"+"号展开，可以看到下一层的"Source Group1"。这时的工程还是一个空的工程，里面什么文件也没有，需要手动把刚才编写好的源程序加入，点击"Source Group1"使其反白显示，然后，点击鼠标右键，出现一个下拉菜单，如图 2.3 所示。选中图 2.3 中的"Add file to Group 'Source Group1'"，出现一个对话框，要求寻找源文件。注意：该对话框下面的"文件类型"默认为 C source file(*.c)，也就是以 C 为扩展名的文件，而我们的文件是以 asm 为扩展名的，所以在列表框中找不到 exam1.asm，要修改文件类型。点击对话框中"文件类型"后的下拉列表，找到并选中"Asm Source File(*.a51，*.asm)"，这样，在列表框中就可以找到 exam1.asm 文件了。

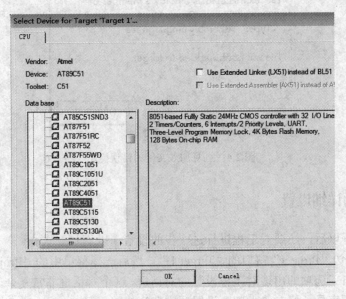

图 2.2 选择目标 CPU

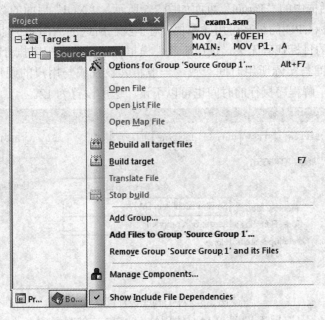

图 2.3 加入文件

双击 exam1.asm 文件，将文件加入项目。注意：将文件加入项目后，该对话框并不消失，等待继续加入其他文件。但初学者常会误认为操作没有成功而再次双击同一文件，这时会出现图 2.4 所示的对话框，提示所选文件已在列表中，此时应点击"确定"，返回前一对话框，然后点击"Close"即可返回主界面。返回后，点击"Source Group 1"前的"+"号，会发现 exam1.asm 文件已在其中。双击文件名，即打开该源程序。

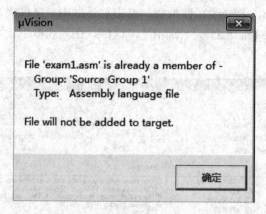

图 2.4　重复加入文件的错误提示

2.1.2　工程的详细设置

工程建立好以后，还要对工程进行进一步的设置，以满足要求。

(1) 点击左边"Project"窗口的"Target 1"，然后选择菜单中的"Project"→"Option for target 'target1'"选项即出现对工程设置的对话框，这个对话框非常复杂，共有八个页面，要全部搞清可不容易，好在绝大部分设置项取默认值就行了。

(2) 设置对话框中的"Target"页面如图 2.5 所示，"Xtal"后面的数值是晶振频率值，默认值是所选目标 CPU 的最高可用频率值，对于我们所选的 AT89C51 而言是 24MHz，该数值与最终产生的目标代码无关，仅用于软件模拟调试时显示程序执行时间。正确设置该数值可使显示时间与实际所用时间一致，一般将其设置成与用户的硬件所用晶振频率相同，如果没必要了解程序执行的时间也可以不设，这里设置为 12。

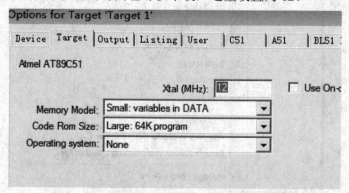

图 2.5　对 Target 进行设置

"Memory Model"用于设置 RAM 使用情况，有三个选择项："Small"是所有变量都在单片机的内部 RAM 中；"Compact"是可以使用一页外部扩展 RAM；"Larget"是可以使用全部外部的扩展 RAM。

　　"Code Rom Size"用于设置 ROM 空间的使用，同样也有三个选择项："Small"模式，只用低于 2KB 的程序空间；"Compact"模式，单个函数的代码量不能超过 2KB，整个程序可以使用 64KB 程序空间；"Larget"模式，可用全部 64KB 空间。

　　"Use on-chip ROM"选择项用于确认是否仅使用片内 ROM(注意：选中该项并不会影响最终生成的目标代码量)。

　　"Operating System"项是由操作系统选择的，Keil 提供了两种操作系统：Rtx tiny 和 Rtx full。关于操作系统是另外一个很大的话题，通常我们不使用任何操作系统，即使用该项的默认值 None。

　　(3) 设置对话框中的"Output"页面如图 2.6 所示，这里面也有多个选择项：

　　"Creat HEX file"用于生成可执行代码文件(可以用编程器写入单片机芯片的 HEX 格式文件，文件的扩展名为 .HEX)，默认情况下该项未被选中，如果要写片做硬件实验，就必须选中该项，这一点是初学者易疏忽的，在此特别提醒注意。

　　选中"Debug Information"将会产生调试信息，如果需要对程序进行调试，应当选中该项。

　　"Browse Information"是产生浏览信息，该信息可以选择菜单中的"View"→"Browse"选项来查看，这里取默认值。"Select Folder for Objects"用来选择最终的目标文件所在的文件夹，默认是与工程文件在同一个文件夹中。"Name of Executable"用于指定最终生成的目标文件的名字，默认与工程的名字相同，这两项一般不需要更改。

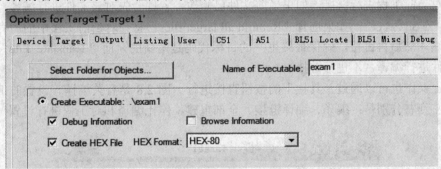

图 2.6　对输出进行设置

　　工程设置对话框中的其他各页面与 C51 编译选项、A51 的汇编选项、BL51 连接器的连接选项等用法有关，这里均取默认值，不做任何修改。以下仅对有关页面中常用的选项作一个简单介绍。

　　(4) "Listing"页面用于调整生成的列表文件选项。在汇编或编译完成后将产生(*.lst)的列表文件，在连接完成后也将产生(*.m51)的列表文件，该页用于对列表文件的内容和形式进行细致地调节。其中比较常用的选项是"C Compile Listing"下的"Assamble Code"项，选中该项可以在列表文件中生成 C 语言源程序所对应的汇编代码。

　　(5) C51 页面用于对 Keil 的 C51 编译器的编译过程进行控制，其中比较常用的是"Code Optimization"组，如图 2.7 所示，该组中"Level"用于优化等级，C51 在对源程序进行编译时可以对代码进行多至 9 级的优化，默认使用第 8 级，一般不必修改，如果在编译中出现一些问题，可以降低优化级别试一试。“Emphasis”用于选择编译优先方式，第一项是代码量优化(最终生成的代码量小)；第二项是速度优先(最终生成的代码速度快)；第三项是缺省。默认的是速度优先，可根据需要更改。

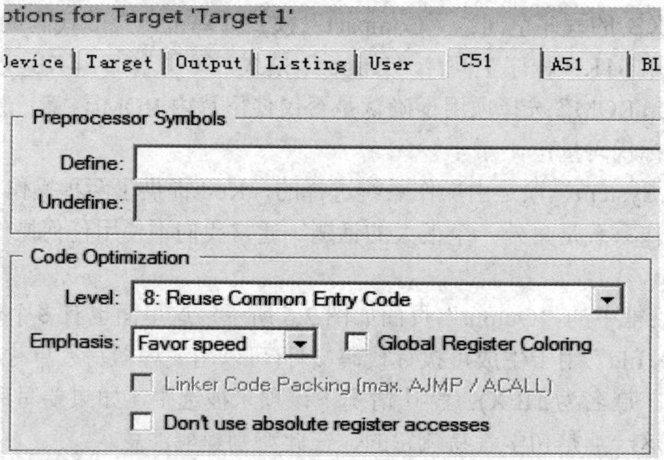

ptions for Target 'Target 1'
Device | Target | Output | Listing | User | C51 | A51 | BL
Preprocessor Symbols
Define:
Undefine:
Code Optimization
Level: 8: Reuse Common Entry Code
Emphasis: Favor speed
Global Register Coloring
Linker Code Packing (max. AJMP / ACALL)
Don't use absolute register accesses

图 2.7　代码生成控制

(6) 设置完成后点击“确认”返回主界面，工程文件建立及设置完毕。

2.1.3　编译、链接

在设置好工程后，即可进行编译和链接。选择图 2.3 菜单中的“Project”→“Build target”选项，对当前工程进行链接，如果当前文件已修改，软件会先对该文件进行编译，然后再链接以产生目标代码。如果选择“Rebuild all target files”将会对当前工程中的所有文件重新进行编译然后再链接，确保最终生产的目标代码是最新的。而“Translate File”项则仅对该文件进行编译，不进行链接。

以上操作也可以通过工具栏上的按钮直接进行。图 2.8 是有关编译、设置的工具栏按钮，从左到右分别是：编译、编译链接、全部重建、停止编译和对工程进行设置。

LOAD
Target 1

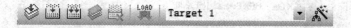

图 2.8　工具栏按钮

编译过程中的信息将出现在输出窗口中的“Build”页面中，如果源程序中有语法错误，会有错误报告出现，双击该行，可以定位到出错的位置，对源程序反复修改之后最终会得到图 2.9 所示的结果，提示获得了名为“exam1.hex”的文件，该文件即可被编程器读入并写到芯片中，同时还产生了一些其他相关的文件，可被用于 Keil 的仿真与调试，这时可以进入下一步调试的工作。

Build Output
assembling exam1.asm...
exam1.asm - 0 Error(s), 0 Warning(s).

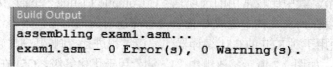

图 2.9　正确编译、链接之后的结果

2.2　Keil 的调试命令、在线汇编与断点设置

上一节中我们学习了如何建立工程、汇编和链接工程，并获得目标代码，但是做到这一步仅仅代表源程序没有语法错误，至于源程序中存在着的其他错误，必须通过调试才能发现并解决。事实上，除了极简单的程序以外，绝大部分程序都要通过反复调试才能得到正确的结果。因此，调试是软件开发中重要的一个环节，这一节将介绍常用的调试命令，利用在线汇编及各种设置断点进行程序调试的方法，并通过实例介绍这些方法的使用。

2.2.1　常用调试命令

在对工程成功地进行汇编和链接以后，按"Ctrl + F5"组合键或者选择"Debug"菜单中的"Start/Stop Debug Session"选项即可进入调试状态，Keil 内建了一个仿真 CPU 用来模拟执行程序，该仿真 CPU 功能强大，可以在没有硬件和仿真机的情况下进行程序的调试，下面要学的就是该模拟调试功能。不过在学习之前必须明确，模拟毕竟只是模拟，与真实的硬件执行程序肯定还是有区别的，其中最明显的就是时序，软件模拟是不可能和真实的硬件具有相同的时序的，具体的表现就是程序执行的速度与使用的计算机有关，计算机性能越好，运行速度越快。

进入调试状态后，界面与编辑状态相比有明显的变化，"Debug"菜单中原来不能用的命令现在已可以使用了，工具栏会多出一个用于运行和调试的工具条，如图 2.10 所示，"Debug"菜单上的大部分命令可以在此找到对应的快捷按钮，从左到右依次是复位、运行、暂停、单步、过程单步、执行完当前子程序、运行到当前行、下一状态、打开跟踪、观察跟踪、反汇编窗口、观察窗口、代码作用范围分析、1#串行窗口、内存窗口、性能分析、工具按钮等。

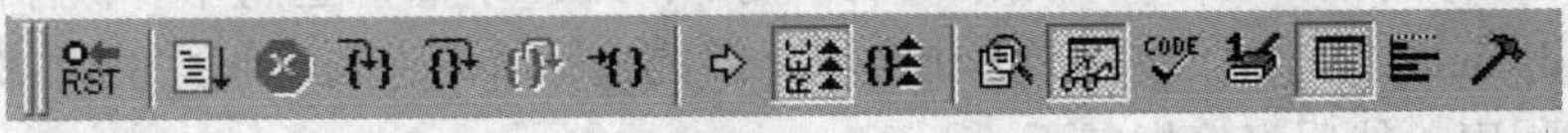

图 2.10　调试工具条

学习程序调试，必须明确两个重要的概念，即单步执行与全速运行。全速执行是指一行程序执行完以后紧接着执行下一行程序，中间不停止，这样程序执行的速度很快，并可以看到该段程序执行的总体效果，即最终结果正确还是错误，但如果程序有错，则难以确认错误出现在哪些程序行。单步执行是每次执行一行程序，执行完该行程序以后即停止，等待命令执行下一行程序，此时可以观察该行程序执行完以后得到的结果是否与我们写该行程序想要得到的结果相同，借此可以找到程序中问题所在。程序调试中，这两种运行方式都要用到。

选择"Debug"菜单中的"单步(STEP)"选项或相应的命令按钮或使用快捷键"F11"可以单步执行程序，使用菜单中的"STEP OVER"或快捷键"F10"可以以过程单步形式执行命令。所谓过程单步，是指将汇编语言中的子程序或高级语言中的函数作为一个语句来全速执行。

按下"F11"键可以看到源程序窗口的左边出现了一个调试箭头，指向源程序的第一行，如图 2.11 所示。每按一次"F11"键，即执行该箭头所指程序行，然后箭头指向下一行。当箭头指向 lcall delay 行时，再次按下"F11"键，会发现箭头指向了延时子程序 DELAY 的第一行。不断按"F11"键，即可逐步执行延时子程序。

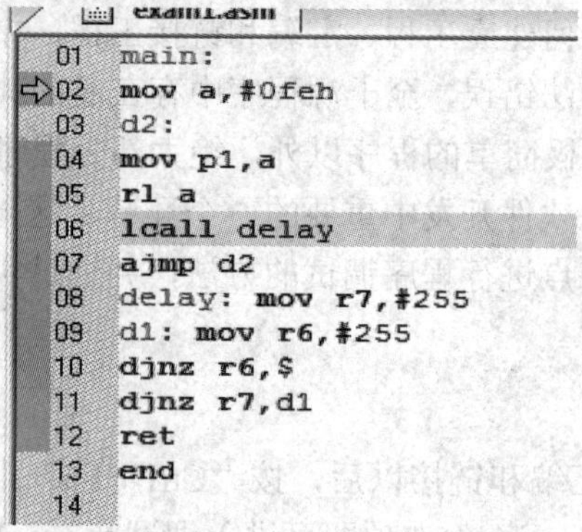

图 2.11　"调试"窗口

通过单步执行程序，可以找出一些问题的所在，但是仅依靠单步执行来查错有时很困难，或虽能查出错误但效率很低，为此必须辅之以其他的方法，如本例中的延时程序是通过将"d2: djnz r6，D2"这一行程序执行六万多次来达到延时的目的，如果用按"F11"键六万多次的方法来执行完该程序行，显然不合适。为此，可以采取以下方法：

第一种方法是用鼠标在子程序的最后一行"ret"处点一下，把光标定位于该行，然后选择"Debug"菜单中的"Run to Cursor line"(执行到光标所在行)选项，即可全速执行完箭头与光标之间的程序行。

第二种方法是在进入该子程序后，选择"Debug"菜单中的"Step Out of Current Function"(单步执行到该函数外)选项，即全速执行完调试光标所在的子程序或子函数并指向主程序中的下一行程序。

第三种方法是在调试开始时，按"F10"而非"F11"，程序也将单步执行，不同的是，执行到"lcall delay"行时，按下"F10"键，调试光标将不进入子程序的内部，而是全速执行完该子程序，然后直接指向下一行。

灵活应用这几种方法，可以大大提高查错的效率。

2.2.2　在线汇编

进入 Keil 调试环境以后，如果发现程序有错，可以直接对源程序进行修改。但是要使修改后的代码起作用，必须先退出调试环境，重新进行编译、链接后再次进入调试。如果只是需要对某些程序行进行测试，或仅需对源程序进行临时的修改，这样的过程未免有些麻烦。为此 Keil 软件提供了在线汇编的能力，将光标定位于需要修改的程序行上，选择"Debug"菜单中的"Inline Assembly..."选项即可出现图 2.12 所示的在线汇编窗口，在"Enter New Instruction"后面的编辑框内直接输入需更改的程序语句，输入完后键入回车将自动指向下一条语句，可以继续修改，如果不再需要修改，可以点击右上角的关闭按钮关闭窗口。

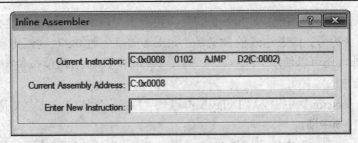

图 2.12　在线汇编窗口

2.2.3　断点设置

程序调试时,一些程序行必须满足一定的条件才能被执行到(如程序中某变量达到一定的值、按键被按下、串口接收到数据、有中断产生等),这些条件往往是异步发生或难以预先设定的,这类问题使用单步执行的方法是很难调试的,这时就要使用到程序调试中的另一种非常重要的方法——断点设置。断点设置的方法有多种,常用的是在某一程序行设置断点,设置好断点后可以全速运行程序,一旦执行到该程序行即停止,可在此观察有关变量值,以确定问题所在。在程序行设置/移除断点的方法是将光标定位于需要设置断点的程序行,选择"Debug"菜单中的"Insert/Remove BreakPoint"选项设置或移除断点(也可以用鼠标在该行双击实现同样的功能);"Debug"→"Enable/Disable Breakpoint"是开启或暂停光标所在行的断点功能;"Debug"→"Disable All Breakpoint"是暂停所有断点;"Debug"→"Kill All BreakPoint"是清除所有的断点设置。这些功能也可以用工具条上的快捷按钮进行设置。

除了在某程序行设置断点这一基本方法以外,Keil 软件还提供了多种设置断点的方法,选择"Debug"菜单中的"Breakpoints..."选项即出现一个对话框,该对话框用于对断点进行详细的设置,如图 2.13 所示。

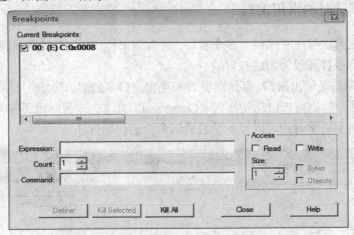

图 2.13　断点设置对话框

图 2.13 中 Expression 后的编辑框用于输入表达式,该表达式用于确定程序停止运行的条件,该表达式的定义功能非常强大,涉及 Keil 内置的一套调试语法,这里不详细说明,仅举若干实例,希望读者可以举一反三。

(1) 在"Experssion"中输入"a==0xf7"，再点击"Define"按钮即定义了一个断点，注意，a 后有两个等号。该表达式的含义是：如果 a 的值到达 0xf7 则停止程序运行。除使用相等符号之外，还可以使用 >、>=、<、<=、!=(不等于)、&(两值按位与)、&&(两值相与)等运算符号。

(2) 在"Experssion"中输入"Delay"再点击"Define"按钮，其含义是如果执行标号为"Delay"的行则中断。

(3) 在"Experssion"中输入"Delay"，将"Count"后的微调按钮的值调到 3，其意义是当第三次执行到"Delay"时才停止程序运行。

(4) 在"Experssion"中输入"Delay"，在"Command"后输入"printf("SubRoutine 'Delay' has been Called\n")"，主程序每次调用"Delay"程序时并不停止运行，但会在输出窗口 Command 页输出一行字符，即"SubRoutine 'Delay' has been Called"。"\n"的用途是回车换行，使窗口输出的字符整齐。

(5) 设置断点前先在输出窗口的"Command"页中键入"DEFINE int I"，则主程序每次调用 Delay 时将会在 Command 窗口输出该字符及被调用的次数。

对于使用 C 源程序语言的调试，表达式中可以直接使用变量名，但必须要注意，设置时只能使用全局变量名和调试箭头所指模块中的局部变量名。

2.3　Keil 程序调试窗口

上一节中我们学习了几种常用的程序调试方法，这一节中将介绍 Keil 提供的各种窗口，如输出窗口、观察窗口、存储器窗口、反汇编窗口、串行窗口等的用途，并通过实例介绍这些窗口在调试中的使用方法。

2.3.1　程序调试时的常用窗口

Keil 软件在调试程序时提供了多个窗口。进入调试模式后，可以选择菜单中的"View"选项下的相应命令打开或关闭这些窗口。

图 2.14 所示的是输出窗口、存储器窗口和观察窗口，各窗口的大小可以使用鼠标调整。进入调试程序后，输出窗口自动切换到"Command"页面。该页面用于输入调试命令和输出调试信息。对于初学者，可以暂不学习调试命令的使用方法。

图 2.14　调试窗口(输出窗口、存储器窗口、观察窗口)

1. 存储器窗口

存储器窗口中可以显示系统中各种内存中的值，通过在"Address"后的编辑框内输入"字母：数字"即可显示相应内存值，其中字母可以是 C、D、I、X，分别代表代码存储空间、直接寻址的片内存储空间、间接寻址的片内存储空间、扩展的外部 RAM 空间，数字代表想要查看的地址。例如输入"D: 0"即可观察到地址 0 开始的片内 RAM 单元值、输入"C: 0"即可显示从 0 开始的 ROM 单元中的值，即查看程序的二进制代码。

存储器窗口的值可以以各种形式显示，如十进制、十六进制、字符型等，改变显示方式的方法是点击鼠标右键，在弹出的图 2.15 所示的快捷菜单中选择。

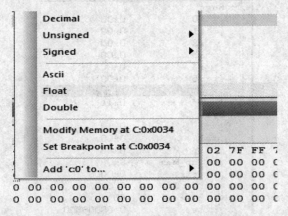

图 2.15　存储器数值各种方式显示选择

图 2.15 的菜单用分隔条分成三部分，其中第一部分与第二部分的三个选项为同一级别，选中第一部分的任意选项，内容将以整数形式显示；而选中第二部分的"Ascii"项则将以字符形式显示；选中"Float"项将相邻四字节组成浮点数形式显示；选中"Double"项则将相邻 8 字节组成双精度形式显示。第一部分又有多个选择项，其中"Decimal"项是一个开关，如果选中该项，则窗口中的值将以十进制的形式显示，否则按默认的十六进制方式显示；"Unsigned"和"Signed"后分别有三个选项："Char""Int""Long"，分别代表以单字节方式显示、将相邻双字节组成整型数方式显示、将相邻四字节组成长整型方式显示，而"Unsigned"和"Signed"则分别代表无符号形式和有符号形式。究竟从哪一个相邻单元开始则与设置有关，以整型为例，如果输入的是"I: 0"，那么 00H 和 01H 单元的内容将会组成一个整型数，而如果输入的是"I: 1"，01H 和 02H 单元的内容会组成一个整型数，依此类推。有关数据格式的规定与 C 语言相同，请参考 C 语言书籍，默认以无符号单字节方式显示。第三部分的"Modify Memory at X: xx"用于更改鼠标处的内存单元值，选中该项即出现图 2.16 所示的对话框，可以在对话框内输入要修改的内容。

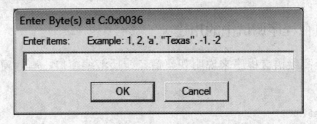

图 2.16　存储器的值的修改

2. 工程窗口寄存器页

图 2.17 所示的是工程窗口寄存器页的内容，包括当前的工作寄存器组和系统寄存器。系统寄存器组有一些是实际存在的寄存器，如 A、B、DPTR、SP、PSW 等，有一些是实际中并不存在或虽然存在却不能对其操作的，如 PC、Status 等。每当程序中执行到对某寄存器的操作时，该寄存器会以反色(蓝底白字)显示，用鼠标单击后按下"F2"键，即可修改该值。

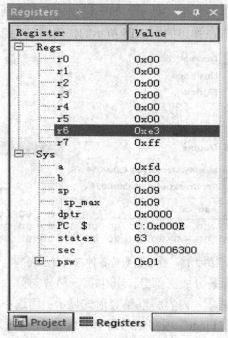

图 2.17　工程窗口寄存器页

3. 观察窗口

观察窗口是很重要的一个窗口，工程窗口中仅可以观察到工作寄存器和有限的寄存器的值，如 A、B、DPTR 等，如果需要观察其他寄存器的值或者在高级语言编程时需要直接观察变量，就要借助于观察窗口了。

一般情况下，我们仅在单步执行时才对变量的值的变化感兴趣。全速运行时，变量的值是不变的，只有在程序停下来之后，才会将这些值最新的变化反映出来。但是，在一些特殊场合下也可能需要在全速运行时观察变量的变化，此时可以选择"View"菜单中的"Periodic Window Updata"(周期更新窗口)选项，确认该项处于被选中状态，即可在全速运行时动态地观察有关值的变化。但是，选中该项将会使程序模拟执行的速度变慢。

2.3.2　各种窗口在程序调试中的用途

以下通过一个高级语言程序来说明观察窗口、反汇编窗口、串行窗口的使用。

【例 2-2】

```
#include "reg51.h"
sbit P1_0=P1^0;          //定义 P1.0
```

```
void mDelay(unsigned char DelayTime)
{
    unsigned int j=0;
    for(; DelayTime>0; DelayTime--)
    {
        for(j=0; j<125; j++)
        {;}
    }
}
void main(        )
{
    unsigned int i;
    for(; ;)
    {
        mDelay(10);        // 延时 10 ms
        i++;
        if(i==10)
        {
            P1_0=!P1_0;
            i=0;
        }
    }
}
```

　　这个程序的工作过程是：不断调用延时程序，每次延时 10ms，然后将变量 i 加 1，随后对变量 i 进行判断，如果 i 的值等于 10，那么将 P1.0 取反，并将 i 清 0，最终的执行效果是 P1.0 每 0.1s 取反一次。

　　输入源程序并以"exam2.c"为文件名存盘，建立名为"exam2"的项目，并将"exam2.c"加入项目，编译、链接后按"Ctrl+F5"进入调试，然后按"F10"键单步执行。注意观察窗口，其中有一个标签页为"Locals"，这一页会自动显示当前模块中的变量名及变量值。可以看到窗口中有名为"i"的变量，其值随着执行的次数而逐渐加大，如果在执行到"for(;;){ mDelay(10);"行时按"F11"键跟踪到"mDelay"函数内部，该窗口的变量自动变为"DelayTime"和"j"。另外两个标签页"Watch #1"和"Watch #2"可以加入自定义的观察变量，点击"type F2 to edit"后再按"F2"键即可输入变量，试着在"Watch #1"中输入"i"，观察它的变化。在程序较复杂、变量很多的场合，这两个自定义观察窗口可以筛选出我们自己感兴趣的变量并加以观察。

　　观察窗口中变量的值不仅可以用来观察，还可以修改，以该程序为例，"i"需加 10 次才能到 10。为快速验证是否可以正确执行到"P1_0=!P1_0;"行，点击"i"后面的值，再按"F2"键，该值即可修改，将"i"的值改到 9，再次按"F10"键单步执行，即可以很快执行到"P1_0=!P1_0;"程序行。该窗口显示的变量值可以以十进制或十六进制形式显示，方法是在显示窗口点击鼠标右键，在弹出的下拉菜单中选择，如图2.18所示。

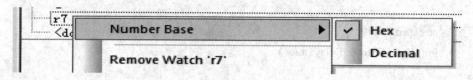

图2.18　设定观察窗口的显示方式

选择"View"菜单中"Dissambly Window"选项可以打开反汇编窗口，该窗口可以显示反汇编后的代码、源程序和相应反汇编代码的混合代码。可以在该窗口进行在线汇编，利用该窗口跟踪已执行的代码，在该窗口按汇编代码的方式单步执行，这也是一个重要的窗口。打开反汇编窗口，点击鼠标右键，弹出下拉菜单，如图2.19所示，其中"Mixed Mode"是以混合方式显示，而"Assembly Mode"是以反汇编代码方式显示。

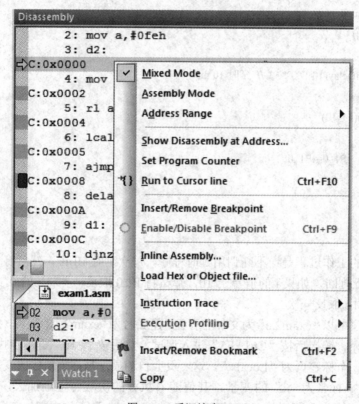

图2.19　反汇编窗口

程序调试中常使用设置断点然后全速运行的方式，在断点处可以获得各变量值，但却无法知道程序到达断点以前究竟执行了哪些代码，而这往往是需要了解的。为此，Keil提供了跟踪功能，在运行程序之前打开调试工具条上的"允许跟踪代码"开关，然后全速运行程序，当程序停止运行后，点击"查看跟踪代码"按钮，自动切换到反汇编窗口，如图2.19所示。其中前面标有"■"号的行就是中断以前执行的代码，可以点击窗口右侧的滚动条向上查看代码的执行记录。

利用工程窗口可以观察程序执行的时间，下面我们观察一下该例中延时程序的延时时间是否满足要求，即是否确实延时10ms。展开工程窗口"Regs"页中的Sys目录树，其中的"Sec"项记录了从程序开始执行到当前程序流逝的秒数。点击"RST"按钮复位程序，"Sec"的值回零，接着按下"F10"键，程序窗口中的箭头指向"for(;;){ mDelay(10);"行，此时，记录下"Sec"值为"0.00038900"，然后再按"F10"键执行完该段程序，再次查看"Sec"的值为"0.01051200"，两者相减大约是 0.01 s，所以延时时间大致是正确的。读者可以试着将延时程序中的"unsigned int"改为"unsigned char"，试试看时间是否仍正确。注意，使用这一功能的前提是在项目设置中正确设置晶振的数值。

　　Keil 提供了串行窗口，可以直接在串行窗口中键入字符，该字符虽不会被显示出来，但却能传递到仿真 CPU 中，如果仿真 CPU 通过串行口发送字符，那么这些字符会在串行窗口显示出来，用该窗口可以在没有硬件的情况下用键盘模拟串口通信。

　　下面通过一个例子说明 Keil 串行窗口的应用。该程序实现一个行编辑功能，每键入一个字母，会立即回显到窗口中。编程的方法是通过检测"RI"是否等于 1 来判断串行口是否有字符输入，如果有字符输入，则将其送到"SBUF"，这个字符就会在串行窗口中显示出来。其中"SER_INIT"是串行口初始化程序，要使用串行口，必须首先对串行口进行初始化。

【例 2-3】

```
            MOV SP, #5FH;        //堆栈初始化
            CALL SER_INIT;       //串行口初始化
LOOP:
            JBC RI, NEXT;        //如果串口接收到字符，转
            JMP LOOP;            //否则等待接收字符
NEXT:
            MOV A, SBUF;         //从 SBUF 中取字符
            MOV SBUF, A;         //回送到发送 SBUF 中
SEND:
            JBC TI, LOOP;        //发送完成，转 LOOP
            JMP SEND;            //否则等待发送完
SER_INIT:   ;                    //中断初始化
            MOV SCON, #50H
            ORL TMOD, #20H
            ORL PCON, #80H
            MOV TH1, #0FDH;      //设定波特率
            SETB TR1;            //定时器 1 开始运行
            SETB REN;            //允许接收
            SETB SM2
            RET
            END
```

　　输入源程序，并建立项目，正确编译、链接并进入调试后，全速运行，点击"串行窗口 1"按钮，即在源程序窗口位置出现一个空白窗口，单击鼠标，相应的字母就会出现在该窗口中。在窗口中击点鼠标右键，出现一个弹出式菜单，选择"ASCII Mode"即以 ASCII

码的方式显示接收到的数据；选择"Hex Mode"，以十六进制码方式显示接收到的数据；选择"Clear Window"，可以清除窗口中显示的内容。

由于部分 CPU 具有双串口，故 Keil 提供了两个串行窗口，89C51 芯片只有一个串行口，所以 Serial 2 串行窗口不起作用。

小技巧： 凡是鼠标单击然后按"F2"键的地方都可以用鼠标连续单击两次(注意：不是双击)来替代。

2.4 Keil 的辅助工具和部分高级调试技巧

在前面的几节中我们介绍了工程的建立方法及常用的调试方法，除此之外，Keil 还提供了一些辅助工具，如外围接口、性能分析、变量来源浏览、代码作用范围分析等，帮助我们了解程序的性能，查找程序中的隐藏错误，快速查看程序变量名信息等，这一节中将对这些工具作一介绍，另外还将介绍 Keil 的部分高级调试技巧。

2.4.1 辅助工具

辅助工具并不是直接用来进行程序调试的，但可以帮助我们进行程序的调试及程序性能的分析，同样是一些很有用的工具。

1. 外围接口

为了能够比较直观地了解单片机中定时器、中断、并行端口、串行端口等常用外设的使用情况，Keil 提供了一些外围接口对话框，可以通过选择菜单中的"Peripherals"选项来打开这些对话框。该菜单的下拉菜单内容与建立项目时所选的 CPU 有关，如果选择的是 89C51 这一类"标准"的 51 单片机，那么将会打开"Interrupt"(中断)、"I/O-Ports"(并行 I/O 口)、"Serial"(串行口)、"Timer"(定时/计数器)这四个外围设备对话框。这些对话框列出了外围设备的当前使用情况、各标志位的情况等信息；可以直观地观察和更改各外围设备的运行情况。

下面通过一个简单例子介绍并行端口的外围设备对话框的使用。

【例 2-4】

```
        MOV A, #0FEH
LOOP:   MOV P1, A
        RL A
        CALL DELAY;      //延时 100 ms
        JMP LOOP
```

其中延时 100 ms 的子程序请自行编写。

编译、链接并进入调试后，选择菜单中的"Peripherals"→"I/O-Ports"→"Port 1"选项打开如图 2.20 所示的对话框，全速运行，可以看到代表各位的勾在不断变化(如果看不到变化，请点击"View"→"Periodic Window Update")，这样可以形象地看到程序执行的结果。

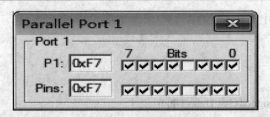

图 2.20　并行端口对话框

注：如果看到的变化极快，甚至看不太清楚，说明你的计算机性能好，模拟执行的速度快，可以试着加长延时程序的时间以放慢速度。模拟运行速度与实际运行的速度无法相同，这是软件模拟的一个固有弱点。

选择"Peripherals"菜单中的"I/O-Ports"→"Timer0"选项，即出现图 2.21 所示的定时器/计数器 0 的外围接口界面，可以直接选择"Mode"组中的下拉列表以确定定时器/计数器的四种工作方式(0～3)，设定定时初值等，点击选中"TR0"，"Status"后的"Stop"就变成了"Run"，如果全速运行程序，TH0、TL0 的值也将快速地开始变化，直观地演示了定时器/计数器的工作情况(当然，由于你的程序未对此写任何代码，所以程序不会对此定时器/计数器的工作进行处理)。

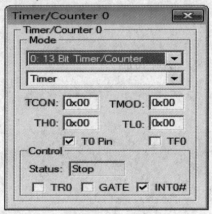

图 2.21　定时器/计数器 0 的外围接口界面

2．性能分析

Keil 提供了一个性能分析工具，利用该工具，我们可以了解程序中哪些部分的执行时间最长，调用次数最多，从而找到影响整个程序执行速度的瓶颈。下面通过一个实例来看一看这个工具如何使用。

【例 2-5】

```
#include "reg51.h"
sbit P1_0=P1^0;                    //定义 P1.0
void mDelay(unsigned char DelayTime)
{
    unsigned int j=0;
    for(; DelayTime>0; DelayTime--)
    {
```

```
            for(j=0; j<125; j++)
                {;}
        }
    }
    void mDelay1(unsigned char DelayTime)
    {
        unsigned int j=0;
        for(; DelayTime>0; DelayTime--)
        {
            for(j=0; j<125; j++)
            {;}
        }
    }
    void main(          )
    {
        unsigned int I;
        for(;;)
        {
            mDelay(10);          //延时 10 ms
            i++;
            if(i==10)
            {
                P1_0=!P1_0;
                i=0;
                mDelay1(10);
            }
        }
    }
```

　　编译、链接并进入调试状态后，选择"View"菜单中的"Performance Analyzer Window"选项打开性能分析对话框，进入该对话框后只有一项"unspecified"，点击鼠标右键，在弹出的快捷菜单中选择"Setup PA"，即打开性能分析设置对话框。对于 C 语言程序，该对话框右侧的"Function Symbol"下的列表框给出函数符号，双击某一符号，该符号即出现在"Define Performance Analyzer"下的编辑框中，每输入一个符号名字，点击"Define"按钮，即将该函数加入分析列表框。对于汇编语言源程序，"Function Symbol"下的列表框中不会出现子程序名，可以直接在编辑框中输入子程序名，再点击"Close"关闭窗口，回到性能分析窗口，此时窗口共有四个选项。全速执行程序，可以看到"mDelay"和"mDelay1"后出现一个蓝色指示条，配合上面的标尺可以直观地看出每个函数占整个执行时间的比例，点击相应的函数名可以在该窗口的状态栏看到更详细的数据。状态栏中各项含义如下：

(1) Min：该段程序执行所需的最短时间。

(2) Max：该段程序执行所需的最长时间。

(3) Avg：该段程序执行所花平均时间。

(4) Total：该段程序到目前为止总共执行的时间。

(5) %：占整个执行时间的百分比。

(6) count：被调用的次数。

本程序中，函数 mDelay 和 mDelay1 每次被调用都花费同样的时间，看不出 Min、Max 和 Avg 的意义。实际上，由于条件的变化，某些函数执行的时间不一定是一个固定的值，借助于这些信息，可以对程序有更详细的了解。下面将 mDelay1 函数略作修改作一演示。

```
void mDelay1(unsigned char DelayTime)
{
    static unsigned char k;
    unsigned int j=0;
    for(; DelayTime>0; DelayTime--)
    {
        for(; j<k; j++)
            {; }
    } k++;
}
```

程序中定义了一个静态变量 k，每次调用该变量加 1，而 j 的循环条件与 k 的大小有关，这使每次执行该程序所花的时间不一样。编译并执行该程序，再次观察性能分析窗口，就可以看出 Min、Max、Avg 的意义。

3. 变量来源浏览

变量来源浏览功能用于观察程序中变量名的有关信息，如该变量名在哪一个函数中被定义、在哪里被调用、共出现多少次等。在"Source Browse"窗口中提供了完善的管理方法，如过滤器可以分门别类地列出各种类别的变量名，可以对这些变量按 Class(组)、Type(类型)、Space(所在空间)、Use(调用次数)进行排序，点击变量名能够在窗口的右侧看到该变量名更详细的信息。

4. 代码作用范围分析

程序中的有些代码可能永远不会被执行到(这是无效的代码)，也有一些代码必须在满足一定条件后才能被执行到，借助于代码范围分析工具，可以快速地了解代码的执行情况。

进入调试后，全速运行，然后点击"停止"。当程序停下来后，可以看到在源程序的左列有三种颜色，分别为灰、淡灰和绿，其中淡灰所指的行并不是可执行代码，如变量或函数定义、注释行等，灰色行是可执行但从未执行过的代码，绿色则是已执行过的代码。点击调试工具条上的"Code Coverage Window"可打开代码作用范围分析对话框，里面有各个模块代码执行情况的更详细的分析。如果发现全速运行后有一些未被执行到的代码就要仔细分析，这些代码究竟是无效的代码还是因为条件未满足而没有被执行到。

2.4.2　部分高级调试技巧

Keil 内置了一套调试语言，很多高级调试技巧与此有关，但是全面学习这套语言并不现实，这里仅介绍部分较为实用的功能。如要获得更详细的信息，请参考 Keil 自带的帮助文件 GS51.PDF。

1. 串行窗口与实际硬件相连

Keil 的串行窗口除可以模拟串行口的输入和输出功能外，还可以与 PC 上实际的串口相连，接收串口输入的内容，并将输出送到串口。这需要在 Keil 中进行设置。方法是首先在输出窗口的 Command 页面中用"MODE"命令设置串口的工作方式，然后再用"ASSIGN"命令将串行窗口与实际的串口相关联。下面我们通过一个实例来说明如何操作。

【例 2-6】

```
            ORG   0000H
            JMP   START
            ORG   3+4*8;              //串行中断入口
            JMP   SER_INT
    START:
            MOV   SP, #5FH;           //堆栈初始化
            CALL  SER_INIT;           //串行口初始化 A
            SETB  EA;
            SETB  ES;
            JMP   $;                  //主程序到此结束
SER_INT:
            JBC   RI, NEXT;           //如果串口接收到字符，转
            JMP   SEND;               //否则转发送处理
NEXT:
            MOV   A, SBUF;            //从 SBUF 中取字符
            MOV   SBUF, A;            //回送到发送 SBUF 中
            JMP   OVER
SEND:
            clr ti
OVER:
            reti
SER_INIT:  ;                         //中断初始化
            MOV   SCON, #50H
            ORL   TMOD, #20H
            ORL   PCON, #80H
            MOV   TH1, #0FDH;         //设定波特率
            SETB  TR1;                //定时器 1 开始运行
            SETB  REN;                //允许接收
```

```
        SETB  SM2
        RET
        END
```

这个程序使用了中断方式编写串行口输入/输出程序,它的功能是将串行口收到的字符回送,即再通过串行口发送出去。

正确输入源文件,建立工程,编译并链接后可进行调试,接着使用 Keil 自带的串行窗口测试功能是否正确,如果正确,可以进行下一步的联机试验。

为了简单实用,我们不借助于其他的硬件,而是让 PC 上的两个串口互换数据,即串口 1 发送串口 2 接收,若串口 2 发送则由串口 1 接收。为此,需要做一根连接线将这两个串口连起来。做法很简单,找两个可以插入 PC 串口的 DIN9 插座(母),然后用一根 3 芯线将它们连起来,连线的方法是:2—3,3—2,5—5。

接好线把两个插头分别插入 PC 上的串口 1 与串口 2。找一个 PC 上的串口终端调试软件,如串口精灵之类,运行该软件,设置好串口参数,其中串口选择 2,串口参数设置为"19200,n,8,1",其含义是波特率为 19 200 b/s,无奇偶校验,8 位数据,1 位停止位。

在 Keil 调试窗口的"command"页面中输入:

```
    >mode com1 19200, 0, 8, 1
    >assign com1 <sin>sout
```

注意两行最前面的">"是提示符,不要输入,第二行中的"<"和">"即"小于"和"大于"符号,中间的是字母"s"和"input"的前两个字母,最后是字母"s"和"output"的前三个字母。

第一行命令定义串口 1 的波特率为 19 200 b/s,无奇偶校验,8 位数据,1 位停止位。第二行是将串口 1(com1)分配给串行窗口。

全速运行程序,然后切换串口精灵,开始发送,将看到发送后的数据立即回显到窗口中,说明已接收到了发送过来的数据。切换到"μVison",查看串行窗口 1,会看到这里的确接收到了串口精灵送来的内容。

2. 从端口送入信号

程序调试中如果需要有信号输入,比如数据采集类程序,需要从外界获得数据,由于 Keil 完全是一个软件调试工具,没有硬件与之相连,所以不可能直接获得数据,为此必须采用一些替代的方法。例如,某电路用 P1 端口作为数据采集口,那么可以使用的一种方法是利用外围接口打开 PORT1,用鼠标点击相应端口位,使其变为高电平或低电平,就能输入数据。显然,这种方法对于获得数据而不是作位处理来说太麻烦了。另一种方法是直接在"Command"页面中输入 PORT1=数值。以下是一个验证程序举例。

【例 2-7】

```
LOOP:  MOV  A, P1
       JZ   NEXT
       MOV  R0, #55H
       JMP  LOOP
NEXT:  MOV  R0, #0AAH
```

```
    JMP   LOOP
    END
```

该程序从 P1 端口获得数据,如果 P1 端口的值是 0,那么就让 R0 的值为"0AAH",否则让 R0 的值为"55H"。输入源程序并建立工程,进入调试后在观察窗口加入 R0,然后全速运行程序,注意确保"View"→"Periodic Window Update"处于选中状态,然后在"Command"后输入"PORT1=0"回车,可以发现观察窗口中的 R0 的值变成了"0AAH",然后再输入"PORT1=1"或其他非零值,则 R0 的值会变为 55H。

同样的道理,可以用 PORT0、PORT2、PORT3 分别向端口 0、2、3 输入信号。

3. 直接更改内存值

在程序运行中,另一种输入数据的方法是直接更改相应的内存单元的值,例如,某数据采集程序使用 30H 和 31H 作为存储单元,采入的数据由这两个单元保存,那么更改 30H 和 31H 单元的值就相当于这个数据采集程序采集到了数据,这可以在内存窗口中直接修改(参考上一节),也可以通过命令进行修改,命令的形式是:_WBYTE(地址,数据),其中地址是指待写入内存单元的地址,而数据则是待写入该地址的数据。例如_WBYTE(0x30,11)会将值 11 写入内存地址为十六进制数 30H 的单元中。

2.5　Proteus 介绍

Proteus 是英国 Lab Center Electronics 公司研发的多功能 EDA 软件,它具有功能强大的 ISIS 智能原理图输入系统,友好的人机互动窗口界面及丰富的操作菜单与工具。在 ISIS 编辑区中,能方便地完成单片机系统的硬件设计、软件设计、单片机源代码级调试与仿真。

Proteus 有 30 多个元器件库、数千种元器件仿真模型及形象生动的动态器件库、外设库。特别是有从 8051 系列 8 位单片机直至 ARM7 32 位单片机的多种单片机类型库。支持的单片机类型有 68000 系列、8051 系列、AVR 系列、PIC12 系列、PIC16 系列、PIC18 系列、Z80 系列、HC11 系列以及各种外围芯片。它们是单片机系统设计与仿真的基础。Proteus 有多达十余种信号激励源、十余种虚拟仪器(如示波器、逻辑分析仪、信号发生器等);可提供软件调试功能,即具有模拟电路仿真,数字电路仿真,单片机及其外围电路组成的系统的仿真,RS232 动态仿真,I^2C 调试器、SPI 调试器、键盘和 LCD 系统仿真功能;还有用来精确测量与分析的 Proteus 高级图表仿真(ASF)。它们构成了单片机系统设计与仿真的完整的虚拟实验室。Proteus 同时支持第三方的软件编译和调试环境,如 Keil C51 µVision2 等软件。

Proteus 还有使用极方便的印刷电路板高级布线编辑软件(PCB)。特别应指出的是,Proteus 库中数千种仿真模型是依据生产企业提供的数据来建模的,因此,Proteus 设计与仿真极其接近实际。目前,Proteus 已成为流行的单片机系统设计与仿真平台,应用于各种领域。

实践证明,Proteus 是单片机应用产品研发的灵活、高效、正确的设计与仿真平台,它明显提高了研发效率,缩短了研发周期,节约了研发成本。

2.5.1　进入 Proteus ISIS

双击桌面上的"ISIS 6 Professional"图标或者选择屏幕左下方的"开始"→"程序"→"Proteus 6 Professional"→"ISIS 6 Professional"选项，出现图 2.22 所示界面，表明进入 Proteus ISIS 集成环境。

图 2.22　ISIS 启动界面

Proteus ISIS 的工作界面是标准的 Windows 界面，如图 2.23 所示。包括标题栏、主菜单、标准工具栏、绘图工具栏、状态栏、对象选择按钮、预览对象方位控制按钮、仿真进程控制按钮、预览窗口、对象选择器窗口、图形编辑窗口。

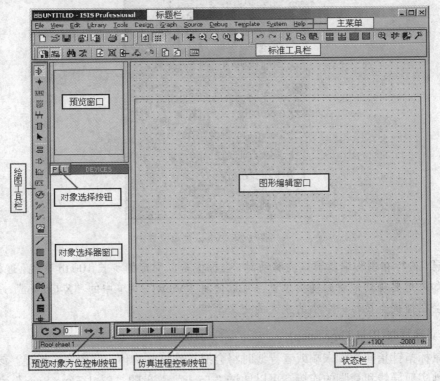

图 2.23　Proteus ISIS 的工作界面

2.5.2　基本操作

1. 图形编辑窗口

在图形编辑窗口内可完成电路原理图的编辑和绘制，主要编辑和绘制工具有以下几种。

1) 坐标系统(CO-ORDINATE SYSTEM)

ISIS 中坐标系统的基本单位是 10 nm，主要是为了和 Proteus ARES 保持一致。但坐标系统的识别(read-out)单位被限制在 1th。坐标原点默认在图形编辑区的中间，图形的坐标值能够显示在屏幕右下角的状态栏中。

2) 点状栅格(The Dot Grid)与捕捉到栅格(Snapping to a Grid)

编辑窗口内有点状栅格，可以通过"View"菜单中的"Grid"命令在打开和关闭间切换。点与点之间的间距由当前捕捉的设置决定。捕捉的尺度可以由"View"菜单中的"Snap"命令设置，或者直接使用"F4""F3""F2"和"Ctrl+F1"键，如图 2.24 所示。

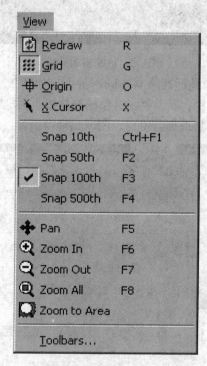

图 2.24　View 菜单

注意：鼠标在图形编辑窗口内移动时，坐标值是以固定的步长 100 th 变化，这称为"捕捉"，如果想要确切地看到捕捉位置，可以使用"View"菜单中的"X-Cursor"命令，选中后将会在捕捉点显示一个小的或大的交叉十字。

3) 实时捕捉(Real Time Snap)

当鼠标指针指向管脚末端或者导线时将会捕捉到这些物体，称为实时捕捉，该功能可以方便地实现导线和管脚的连接。可以通过"Tools"菜单的"Real Time Snap"命令或者是组合键"Ctrl+S"切换该功能。

可以通过"View"菜单的"Redraw"命令来刷新显示内容，同时预览窗口中的内容也将被刷新。当执行其他命令导致显示错乱时可以使用该特性恢复显示。

4) 视图的缩放与移动

视图的缩放与移动可以通过如下几种方式：

· 用鼠标左键点击预览窗口中想要显示的位置，编辑窗口将显示以鼠标点击处为中心的内容。

· 在编辑窗口内移动鼠标，按下"Shift"键，用鼠标"撞击"边框，这会使显示界面平移，称为"Shift-Pan"。

· 用鼠标指向编辑窗口并按下缩放键或者操作鼠标的滚动键，视图将以鼠标指针位置为中心重新显示。

2. 预览窗口(The Overview Window)

预览窗口通常显示整个电路图的缩略图。在预览窗口上点击鼠标左键，将会有一个矩形蓝绿框标示出在编辑窗口中显示的区域。其他情况下，预览窗口显示将要放置的对象。这种 Place Preview 特性在下列情况下被激活：

· 当一个对象在选择器中被选中时。

· 当点击"旋转"或"镜像"按钮时。

· 当为一个可以设定朝向的对象选择类型图标时(例如 Component icon、Device Pin icon 等)。

当放置对象或者执行其他非以上操作时，Place Preview 会自动消除。

3. 对象选择器窗口

点击"对象选择"按钮，可以从元件库中选择对象，并置入对象选择器窗口，供今后绘图时使用。显示对象的类型包括元件、端点、管脚、图形符号和标注。

4. 图形编辑的基本操作

1) 对象放置(Object Placement)

放置对象(To place an object)的步骤如下：

(1) 根据对象的类别在工具箱选择相应模式的图标(mode icon)。

(2) 根据对象的具体类型选择子模式图标(sub-mode icon)。

(3) 如果对象类型是元件、端点、管脚、图形符号或标注，从选择器(selector)中选择你想要的对象的名字。对于元件、端点、管脚和图形符号，可能首先需要从库中调出。

(4) 如果对象是有方向的，将会在预览窗口显示出来，可以通过"预览对象方位"按钮对其进行调整。

(5) 指向图形编辑窗口并点击鼠标左键放置对象。

2) 选中对象(Tagging an object)

用鼠标指向对象并点击鼠标右键可以选中该对象。该操作选中对象并使其高亮显示，然后可以进行编辑。选中对象时该对象上的所有连线同时被选中。

要选中一组对象,可以依次在每个对象上右击,也可以通过鼠标右键拖出一个选择框,但只有完全位于选择框内的对象才可以被选中。

在空白处点击鼠标右键可以取消所有对象的选择。

3) 删除对象(Deleting an object)

用鼠标指向选中的对象并点击鼠标右键可以删除该对象,同时删除该对象的所有连线。

4) 拖动对象(Dragging an object)

用鼠标指向选中的对象并用鼠标左键拖曳可以拖动该对象。该方式不仅对整个对象有效,而且对对象中单独的 labels 也有效。

使用"Wire Auto Router"功能,则被拖动对象上所有的连线将会重新排布或者"fixed up"。这将花费一定的时间(10 s 左右),尤其在对象有很多连线的情况下,这时鼠标指针将显示为一个沙漏。

如果错误拖动一个对象,所有的连线将变得一团糟,这时可以使用"Undo"命令撤销操作恢复原来的状态。

5) 拖动对象标签(Dragging an object label)

许多类型的对象有一个或多个属性标签附着。例如,每个元件有一个"reference"标签和一个"value"标签。可以很容易地移动这些标签使得电路图看起来更美观。

移动标签(To move a label)的步骤如下:

(1) 选中对象。

(2) 用鼠标指向标签,按下鼠标左键。

(3) 拖动标签到所需要的位置。如果想要定位更精确的话,可以在拖动时改变捕捉的精度(使用"F4""F3""F2""Ctrl+F1"键)。

(4) 释放鼠标。

6) 调整对象大小(Resizing an object)

子电路(Sub-circuits)、图表、线、框和圆的大小可以调整。

调整对象大小(To resize an object)的步骤如下:

(1) 选中对象。

(2) 如果对象的大小可以调整,对象周围会出现黑色小方块,叫作"手柄"。

(3) 用鼠标左键拖动这些"手柄"到新的位置,可以改变对象的大小。在拖动的过程中手柄会消失以便不和对象的显示混叠。

7) 调整对象的朝向(Reorienting an object)

许多类型对象的朝向可以调整为0°、90°、270°、360°,或通过 X 轴、Y 轴镜像。当该类型对象被选中后,"Rotation"图标和"Mirror"图标会从蓝色变为红色,然后就可以改变对象的朝向。

调整对象朝向(To reorient an object)的步骤如下:

(1) 选中对象。

(2) 用鼠标左键点击"Rotation"图标可以使对象逆时针旋转,用鼠标右键点击"Rotation"图标可以使对象顺时针旋转。

(3) 用鼠标左键点击"Mirror"图标可以使对象按 X 轴镜像，用鼠标右键点击"Mirror"图标可以使对象按 Y 轴镜像。

当"Rotation"图标和"Mirror"图标是红色时，首先要取消对象的选择，此时图标会变成蓝色，说明现在可以"安全"地调整新对象了。

8) 编辑对象(Editing an object)

许多对象具有图形或文本属性，这些属性可以通过一个对话框进行编辑，这是一种很常见的操作，有多种实现方式。

(1) 编辑单个对象(To edit a single object using the mouse)的步骤：选中对象；用鼠标左键点击对象。

(2) 连续编辑多个对象(To edit a succession of objects using the mouse)的步骤：选择"Main Mode"图标，再选择"Instant Edit"图标；依次用鼠标左键点击各个对象。

(3) 以特定的编辑模式编辑对象(To edit an object and access special edit modes)的步骤：指向对象；使用组合键"Ctrl + E"。对于文本脚本来说，这将启动外部的文本编辑器。如果鼠标没有指向任何对象的话，该命令将对当前的图进行编辑。

(4) 通过元件的名称编辑元件(To edit a component by name)的步骤：键入"E"；在弹出的对话框中输入元件的名称(Part ID)。确定后会弹出该项目中任何元件的编辑对话框，并非只限于当前 sheet 的元件。编辑完后，画面将会以该元件为中心重新显示。即使并不想对其进行编辑，也可以通过该方式来定位一个元件。

(5) 编辑对象标签(Editing an object label)。元件、端点、线和总线标签都可以如同元件一样编辑。编辑单个对象标签(To edit a single object label using the mouse)的步骤：选中对象标签；用鼠标左键点击对象。连续编辑多个对象标签(To edit a succession of object labels using the mouse)的步骤：选择"Main Mode"图标，再选择"Instant Edit"图标；依次用鼠标左键点击各个标签。

任何一种方式，都将弹出一个带有"Label and Style"栏的对话框窗体。

9) 拷贝所有选中的对象(Copying all tagged objects)

拷贝一整块电路(To copy a section of circuitry)的步骤如下：

(1) 选中需要的对象，具体的方式参照上文的"选中对象"部分。

(2) 用鼠标左键点击"Copy"图标。

(3) 把拷贝的轮廓拖到需要的位置，点击鼠标左键放置拷贝。

(4) 重复步骤(3)放置多个拷贝。

(5) 点击鼠标右键结束。

当一组元件被拷贝后，它们的标注自动重置为随机态，用来为下一步的自动标注做准备，防止出现重复的元件标注。

10) 移动所有选中的对象(Moving all tagged objects)

移动一组对象(To move a set of objects)的步骤如下：

(1) 选中需要的对象，具体的方式参照上文的"选中对象"部分。

(2) 把轮廓拖到需要的位置，点击鼠标左键放置。

可以使用移动块的方式来移动一组导线，而不移动任何对象。

11) 删除所有选中的对象(Deleting all tagged objects)

删除一组对象(To delete a group of objects)的步骤如下：

(1) 选中需要的对象。

(2) 用鼠标左键点击"Delete"图标。

如果错误删除了对象，可以使用"Undo"命令来恢复原状。

12) 画线(Wiring Up)

Proteus ISIS 没有画线的图标按钮，因为其智能化足以在画线时进行自动检测。

在两个对象间连线(To connect a wire between two objects)的步骤：左击第一个对象的连接点；左击另一个连接点(如果想自己决定走线路径，只需在拐点处点击鼠标左键)。

元件和终端的管脚末端都有连接点，一个连接点可以精确地连一根线。一个圆点从中心出发有四个连接点，可以连四根线。由于一般都希望能连接到现有的线上，因此 ISIS 也将线视作连续的连接点。此外，一个连接点意味着 3 根线交汇于一点，ISIS 提供了一个圆点，避免由于错、漏点而引起的混乱。

在画线过程的任何一个阶段，都可以按"Esc"键来放弃画线。

13) 线路自动路径器(Wire Auto Router，WAR)

线路自动路径器可省去必须标明每根线具体路径的麻烦。当用户想在两个连接点间直接定出对角线时可使用此功能。该功能默认是打开的，但可通过两种方式略过该功能：

(1) 如果单击一个连接点，然后再单击一个或几个非连接点的位置，ISIS 将认为用户在手工定线的路径，这就要点击线的路径的每个角，最后路径是通过左击另一个连接点来完成的。如果只是左击两个连接点，"WAR"将自动选择一个合适的线径。

(2) WAR 可通过使用工具菜单里的"WAR"命令来关闭。

14) 重复布线(Wire repeat)

假设要连接一个 8 字节 ROM 数据总线到电路图主要数据总线，已将 ROM、总线和总线插入点放置到如图 2.25 所示位置。

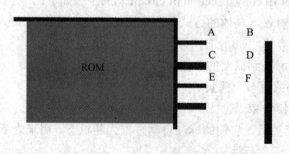

图 2.25　总线和总线插入点

首先左击 A，然后左击 B，在 A、B 间画一根水平线；接着双击 C、D，重复布线功能会被激活，自动在 C、D 间布线；最后双击 E、F，依此类推。

重复布线完全复制了上一根线的路径。如果上一根线已经是自动重复布线了，将仍旧自动复制该路径。另一方面，如果上一根线为手工布线，那么将被精确复制用于新的线。

15) 拖线(Dragging Wires)

尽管线一般使用连接和拖的方法，但也有一些特殊方法可以使用。

(1) 如果拖动线的一个角，则该角随着鼠标指针移动。

(2) 如果鼠标指向一个线段的中间或两端，就会出现一个角，然后可以拖动。

注意：为了使后者能够工作，线所连的对象不能有标示，否则 ISIS 会认为想拖该对象。

16) 移动线段或线段组(To move a wire segment or a group of segments)

(1) 在需要移动的线段周围拖出一个选择框。若该"框"为一个线段旁的一条线也是可以的。

(2) 单击"移动"图标(在工具箱里)。

(3) 按图 2.26 所示的相反方向垂直于线段移动"选择框(Tag Box)"。

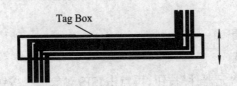

图 2.26　相反方向垂直于线段移动

(4) 单击结束。

如果操作错误，可使用"Undo"命令返回。

由于对象被移动后节点可能仍留在对象原来位置周围，因此 ISIS 提供了一项技术来快速删除线中不需要的节点。

17) 从线中移走节点(To remove a kink from a wire)

(1) 选中要处理的线。

(2) 用鼠标指向节点一角，按下左键。

(3) 拖动该角和自身重合。

(4) 松开鼠标左键，ISIS 将从线中移走该节点。

2.5.3　主要绘图操作

1. 编辑区域的缩放

图 2.23 所示主窗口是一个标准 Windows 窗口，除具有选择执行各种命令的顶部菜单和显示当前状态的底部状态条外，菜单下方有两个工具条，包含与菜单命令一一对应的快捷按钮，窗口左部还有一个工具箱，包含添加所有电路元件的快捷按钮。工具条、状态条和工具箱均可隐藏。

ISIS 的缩放操作多种多样，极大地方便了工程项目的设计。常见的几种方式有：完全显示("F8"键)、放大按钮("F6"键)和缩小按钮("F7"键)，拖放、取景、找中心("F5"键)。

2. 点状栅格和刷新

编辑区域的点状栅格是为了方便元器件定位用的。鼠标指针在编辑区域移动时，移动的步长就是栅格的尺度，称为 Snap(捕捉)。这个功能可使元件依据栅格对齐。

1) 显示和隐藏点状栅格

点状栅格的显示和隐藏可以通过工具栏的按钮或者按"G"键来实现。在鼠标移动的过程中，编辑区的下面将出现栅格的坐标值，即坐标指示器，它显示横向的坐标值。坐标的原点在编辑区的中间，有的地方的坐标值比较大，不利于进行比较，此时可通过选择"View"菜单中的"Origin"选项，也可以点击工具栏的按钮或者按"O"键来自己定位新的坐标原点。

2) 刷新

编辑窗口显示正在编辑的电路原理图，可以选择"View"菜单中的"Redraw"选项来刷新显示内容，也可以点击工具栏的"刷新命令"按钮或者按"R"键，与此同时预览窗口中的内容也将被刷新。当执行一些命令导致显示错乱时，可以使用 Redraw 命令恢复正常显示。

3. 对象的放置和编辑

1) 对象的添加和放置

点击绘图工具栏中的"元器件"按钮，再点击ISIS对象选择按钮"P"，出现"Pick Devices"对话框，如图 2.27 所示。

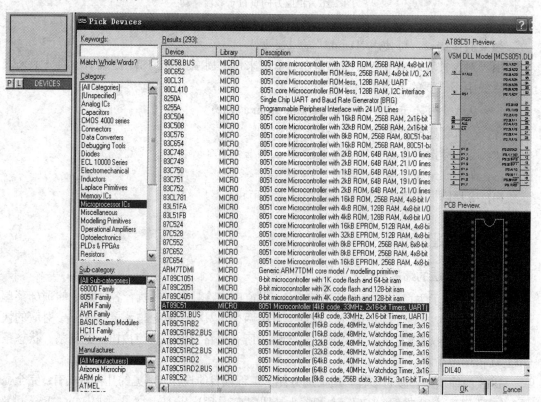

图 2.27　选取元器件窗口中的元器件列表

在这个对话框里可以选择元器件和一些虚拟仪器。下面以添加单片机 AT89C51 为例来说明如何把元器件添加到编辑窗口。选择"Category(器件种类)"→"Micoprocessor ICs"选项，在对话框的右侧，会显示大量常见的单片机芯片型号，如图 2.27 所示。找到单片机 AT89C51 后双击。这样在左边的对象选择器中就有 AT89C51 这个元件了。点击一下这个元件，然后把鼠标指针移到右边的原理图编辑区的适当位置，点击鼠标左键就把 AT89C51 放到了原理图编辑区。

2) 放置电源及接地符号

单击绘图工具栏中的"终端"按钮，对象选择器中将出现一些接线端，如图 2.28 所示。在对象选择器里分别点击"TERMINALS"栏下的"POWER"与"GROUND"选项，再将鼠标移到原理图编辑区，点击鼠标左键即可放置电源符号；同样也可以把接地符号放到原理图编辑区。

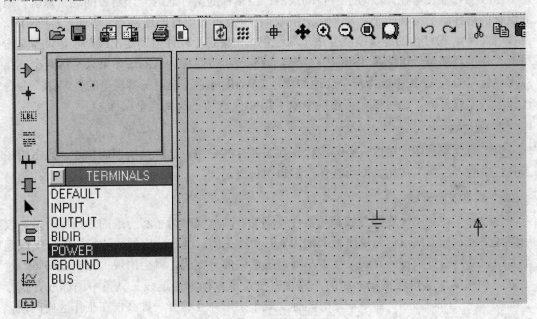

图 2.28　放置电源和接地符号

3) 对象的编辑

对象的编辑包括调整对象的位置和放置方向以及改变元器件的属性等，有选中、删除、拖动等基本操作。

(1) 拖动标签。许多类型的对象有一个或多个属性标签附着，移动这些标签可以使电路图看起来更美观。

移动标签的步骤如下：首先点击鼠标右键选中对象；然后用鼠标指向标签，按下鼠标左键；一直按着左键就可以拖动标签到需要的位置，释放鼠标即可。

(2) 对象的旋转和镜像。许多类型对象的朝向可以调整为 0°、90°、270°、360°，或通过 X 轴、Y 轴镜像。当该类型对象被选中后，"Rotation"和"Mirror"图标会从蓝色变为红色，然后就可以改变对象的放置方向。

旋转和镜像的具体方法是：首先点击鼠标右键选中对象，然后根据要求用鼠标左键点击四个方位控制按钮。

(3) 编辑对象的属性。对象一般都具有文本属性，可以通过一个对话框进行编辑。

编辑单个对象的具体方法是：先用鼠标右键点击选中对象，然后用鼠标左键点击对象，此时出现属性编辑对话框。也可以点击工具箱的按钮，再点击对象，也会出现编辑对话框。例如，在电阻属性的编辑对话框里，可以改变电阻的标号、电阻值、PCB 封装以及是否把这些信息隐藏等，修改完毕，点击"OK"按钮即可(其他元器件操作方法与此相同)。

2.5.4　电路原理图的绘制

1. 画导线

ISIS 的智能化可在画线时进行自动检测：当鼠标的指针靠近一个对象的连接点时，跟着鼠标的指针就会出现一个"×"号，用鼠标左键点击元器件的连接点，移动鼠标(不用一直按着左键)，粉红色的连接线就变成了深绿色。如果想让软件自动定出线路径，只需左击另一个连接点即可。这就是 ISIS 的线路自动路径功能(简称 WAR)，如果只是在两个连接点用鼠标左击，WAR 将选择一个合适的线径。WAR 可通过使用工具栏里的"WAR"命令按钮来关闭或打开，也可以在菜单栏中的"Tools"选项下找到这个图标。

2. 画总线

为了简化原理图，可用一条导线代表数条并行的导线，这就是所谓的总线。点击绘图工具栏中的"总线"按钮，即可在图形编辑窗口画总线。

3. 画总线分支线

总线分支线是用来连接总线和元器件管脚的。画总线时为了和一般的导线区分，一般用斜线来表示分支线，但是这时需要把 WAR 功能关闭。画好分支线后还需要给分支线起个名字。鼠标右键点击分支线，接着左键点击选中的分支线，就会出现"分支线编辑"对话框。相同功能端是连接在一起的，放置方法是用鼠标单击连线工具条中图标或者执行"Place"→"Net Label"命令，这时光标变成十字形并且将有一虚线框在工作区内闪动，再按一下键盘上的"Tab"键，系统会弹出"网络标号属性"对话框，在"Net"项定义网络标号，比如 PB0，然后单击"OK"，将设置好的网络标号放在先前放置的短导线上(注意一定是上面)，单击鼠标左键即可将之定位。

4. 放置总线将各总线分支连接起来

使用菜单中的"Place"→"Bus"命令，这时工作平面上将出现十字形光标，将十字光标移至要连接的总线分支处，单击鼠标左键，系统弹出十字形光标并拖着一条较粗的线，然后将十字光标移至另一个总线分支处，单击鼠标左键，一条总线就画好了。

使用技巧：当电路中多根数据线、地址线、控制线并行时，应使用总线设计。

5. 放置线路节点

如果在交叉点有电路节点，则认为两条导线在电气上是相连的，否则就认为它们在电气上是不相连的。ISIS 在画导线时能够智能地判断是否要放置节点。但在两条导线交叉时是不放置节点的，这时要想两个导线电气相连，只有手工放置节点了。点击绘图工具栏的"节点放置"按钮，当把鼠标指针移到编辑窗口指向一条导线的时候，会出现一个"×"号，点击左键就能放置一个节点。

2.5.5　模拟调试

1. 一般电路的模拟调试

以图 2.29 所示的电路为例。设计这个电路的时候需要在"Category"(器件种类)里找到"BATTERY"(电池)、"FUSE"(保险丝)、"LAMP"(灯泡)、"POT-LIN"(滑动变阻器)、"SWITCH"(开关)这几个元器件并添加到对象选择器里。另外还需要一个虚拟仪器——电流表。点击"虚拟仪表"按钮，在对象选择器中找到"DC AMMETER"(电流表)，添加到原理图编辑区并按照图 2.29 布置元器件，然后连接。在进行模拟调试之前还需要设置各个对象的属性。

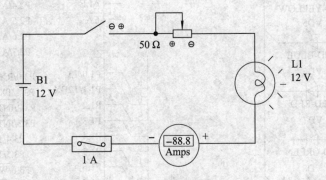

图 2.29　电路图举例

选中电源"B1"，再点击鼠标左键，弹出"属性"对话框，在"Component Reference"后面填上电源的名称；在"Voltage"后面填上电源电动势的值(设置为"12 V")，在"Internal Resistance"后面填上内电阻的值 0.1 Ω。其他元器件的属性设置如下：滑动变阻器的阻值为 50 Ω，灯泡的电阻是 10 Ω、额定电压是 12 V，保险丝的额定电流是 1 A、内电阻是 0.1 Ω。

点击菜单栏中的"Debug"(调试)按钮或者点击"运行"按钮，也可以按下组合键"Ctrl + F12"进入模拟调试状态。把鼠标指针移到开关的"⊕"处，会出现一个"+"号，点击一下，就合上了开关；如果想打开开关，把鼠标指针移到"⊖"处，将出现一个"–"号，点击一下就会断开开关。开关闭合后，灯泡就可点亮，电流表也有指示数。把鼠标指针移到滑动变阻器附近的"⊕""⊖"处分别点击，可以使电阻变大或者变小，造成灯泡的亮暗程度发生变化，电流表的指示数也将发生变化。如果电流超过了保险丝的额定电流，保险丝就会熔断。

2. 单片机电路的模拟调试

1) 电路设计

设计一个简单的单片机电路，如图 2.30 所示。电路的核心是单片机 AT89C52，C1、C2 和晶振 X1 构成单片机时钟电路。单片机的 P1 口接 8 个发光二极管，二极管的正极通过限流电阻接到电源的正极，两个按键 S1 与 S2 一端接到单片机的 P3.2、P3.3 脚，另一端接地。

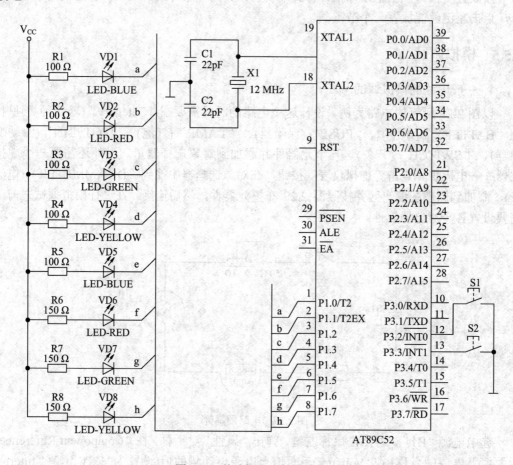

图 2.30　单片机电路的模拟调试

2）电路功能

按下按键 S1 时，8 个发光二极管 VD1 到 VD8 轮流发光。

按下按键 S2 时，发光二极管熄灭。

3）程序设计

程序主要有按键检测子程序、按键处理子程序、LED 发光子程序等。

4）程序的编译

该软件有 ASM、PIC、AVR 汇编器等自带编译器。在 ISIS 添加编写好的程序的方法如下：选择"Source"菜单栏中的"Add/Remove Source Files(添加或删除源程序)"命令，弹出一个对话框，再点击对话框中的"NEW"按钮，在出现的对话框中找到设计好的"huayang.Asm"文件，点击打开。在"Code Generation Tool"的下面找到"ASEM51"，然后点击"OK"按钮，设置完毕后就可以编译了。最后选择菜单栏中的"Source"→"Build All"命令，片刻后，编译结果的对话框就会出现。如果有错误，对话框会指明哪一行出现了问题，点击出错的提示，就能显示出错的行号。

5) 模拟调试

(1) 鼠标左键点击 AT89C52，在弹出的对话框里点击 "Program File" 按钮，装入经过编译得到的 HEX 文件，然后点击 "OK" 按钮。

(2) 点击 "运行" 按钮进入调试状态。

(3) 点击按键 S1，观察发光二极管是否依次点亮；再点击按键 S2，观察发光二极管是否熄灭。

(4) 点击 "单步模拟调试" 按钮进入单步调试状态，在弹出的对话框里，可以设置断点。用鼠标点击一下程序语句，该语句变为黑色；点击鼠标右键，就对相应的语句设置了断点。

在单步模拟调试状态下，使用菜单栏的 "Debug" 命令，在下拉菜单的最下面可以看到语句运行的情形。点击 "Simulation Log" 命令会出现和模拟调试有关的信息；点击 "8051 CPU SFR Memory" 命令会出现特殊功能寄存器(SFR)窗口；点击 "8051 CPU Internal (IDATA) Memory" 命令会出现数据寄存器窗口；点击 "Watch Window" 命令会出现一个下拉窗口，在这里可以添加常用的寄存器。在 "Watch Window" 窗口里点击鼠标右键，并在出现的菜单中点击 "Add Item(By name)" 命令就会出现常用的寄存器，如选择 P1，则可双击 P1，这时，P1 就会出现在 "Watch Window" 窗口。无论在单步调试状态还是在全速调试状态，"Watch Window" 窗口中的内容都会随着寄存器的变化而变化。

2.6　Proteus 和 Keil 的联调

Proteus 和 Keil 的联调过程如下：

(1) 假若 Keil C51 与 Proteus 均已正确安装在 "D:\Program Files" 目录里，把 "D:\Program Files\Labcenter Electronics\Proteus 7 Professional\MODELS\VDM51.dll" 复制到 "D:\Program Files\keilC\C51\BIN" 目录中。

(2) 用记事本打开 "D:\Program Files\keilC\C51\TOOLS.INI" 文件，在 "C51" 栏目下加入 "TDRV5=BIN\VDM51.DLL("Proteus VSM Monitor-51 Driver")"。

(3) 需要设置 Keil C 的选项。选择 "Project" 菜单中的 "Options for Target" 选项或者点击工具栏的 "option for target" 按钮，弹出窗口，点击 "Debug" 按钮，出现图 2.31 所示页面。

在出现的对话框里在右栏上部的下拉菜单里选择 "Proteus VSM Monitor - 51 Driver"，再勾选 "Use"。

点击 "Setting" 按钮，在弹出的 "Vdms1 target setup" 对话框中设置 "Host" 地址为 "127.0.0.1"。如果使用的不是同一台电脑，则需要在这里添上另一台电脑的 IP 地址(另一台电脑也应安装 Proteus)。将 "Port" 设置为 "8000"。最后将工程编译，进入调试状态，并运行。设置完之后，请重新编译、链接，生成可执行文件。

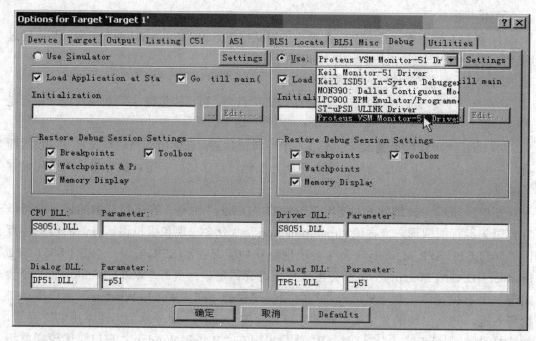

图 2.31　Keil μVision2 选项设置

(4) Proteus 的设置：进入 Proteus 的 ISIS，选择"Debug"菜单中的"Use Romote Debug Monitor"选项，如图 2.32 所示。此后，便可实现 Keil C 与 Proteus 连接调试。

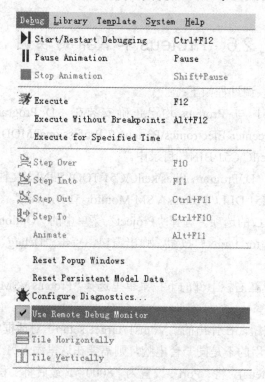

图 2.32　选项设置

(5) 在 Proteus 里加载可执行文件。双击 AT89C52 原理图，弹出图 2.33 所示的对话框，点击加载可执行文件"跑马灯.hex"。

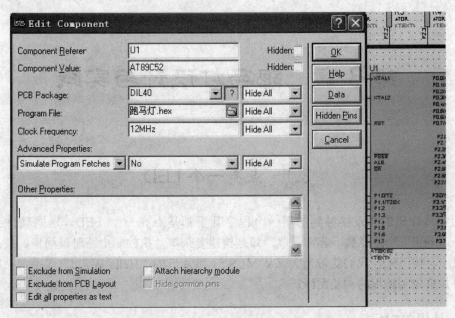

图 2.33　选择加载可执行文件

(6) Keil C 与 Proteus 连接仿真调试。单击"开始"按钮，能清楚地观察到每一个引脚的电平变化，红色代表高电平，蓝色代表低电平。其运行效果如图 2.34 所示。

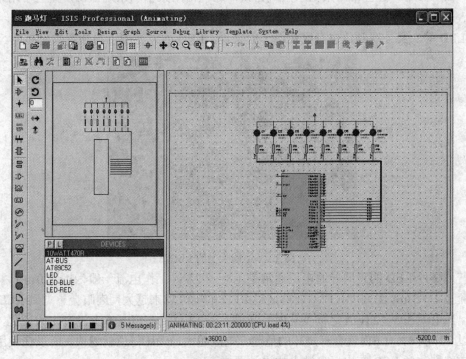

图 2.34　仿真运行效果

第 3 章 跑马灯设计与实践

3.1 点亮一个 LED

初学单片机的朋友接触到的第一个程序几乎都是点亮一个 LED，这同软件工程的"Hello World"一样经典，非常简单，却是构建复杂单片机控制电路时最简单、最基础的案例之一。接下来，我们就带领大家从 MCS 51 单片机的"Hello World"入手，循序渐进揭开单片机控制编程的神秘面纱。

3.1.1 认识 LED

LED 的中文名称是发光二极管，它会发出可见光，常见的有发红色、黄色、绿色光的 LED，在产品中，红色常用来指示系统错误，绿色常用来指示系统正常，黄色常用来指示警告。根据应用需求的不同，LED 的外形也各有千秋，如图 3.1 所示，图中有方形、圆形、贴片 LED 等，其外观颜色也有区别。一般来说，LED 的发光颜色与外观颜色相同。

图 3.1 不同类型的 LED

普通贴片 LED 的正向导通电压通常是 1.8～2.2 V，工作电流一般为 1～20 mA。其中，当电流在 1～5 mA 之间变化时，随着通过 LED 的电流越来越大，肉眼会感觉到 LED 越来越亮，当电流在 5～20 mA 之间变化时，我们看到 LED 的亮度基本上没有太大变化，当电流超过 20 mA 时，LED 就会有烧坏的危险，电流越大，烧坏得也就越快。所以在使用过程中应该特别注意 LED 在电流参数上的设计要求。

图 3.2 为 LED 的连接电路。LED 有阳极和阴极，习惯上也称之为正极和负极，方向必须接对才会有电流通过让 LED 发光。在单片机中，通常接入的 V_{CC} 电压是 5 V，而 LED 自

身的压降约为 2 V，则电阻 R 上承受的电压就是 3 V。如果要求电流范围是 1～20 mA，就可以根据伏安特性，求出电阻的上限和下限值：

$$R=\frac{V_{CC}-2}{I}$$

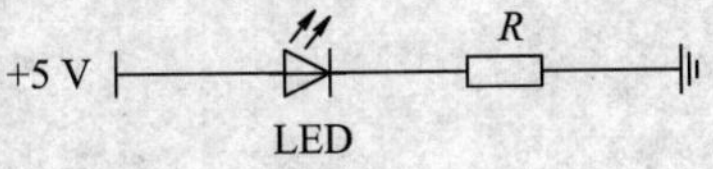

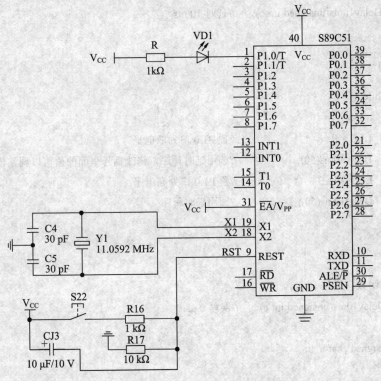

图 3.2 LED 的连接电路

当电流是 1 mA 时，电阻值是 3 kΩ；当电流是 20 mA 时，电阻值是 150 Ω，即 R 的取值范围是 150～3000 Ω。这个电阻值大小的变化，可以直接限制整条通路的电流大小，因此通常称其为"限流电阻"。在单片机电路中，通常使用的电阻是 1 kΩ，据此可计算出这条支路电流的大小。

3.1.2 用单片机点亮一个 LED

点亮一个 LED 的方式有很多种，最传统的方式就是控制开关的通断使灯亮灭，而随着单片机的出现和发展，电子设备智能时代正式开启，单片机可以依靠执行程序去输出想要的结果，能够真正将人的思想转化成现实。

单片机是数字电路，输入/输出只有高电平"1"和低电平"0"之分，通常 0～0.4 V 的电压范围定义为低电平，大于 2 V 定义为高电平，基于单片机的 LED 控制电路如图 3.3 所示。

图 3.3 基于单片机的 LED 控制电路

将 LED 的负极连接到单片机 P1.0 口，正极串接电阻 R 接到+5 V，单片机输出低电平"0"，使得 LED 和电阻通路的两端产生电势差，从而满足 LED 的参数，点亮 LED；而当单片机 P1.0 口输出高电平时，电势差约为"0"，不满足 LED 点亮的要求，此时 LED 熄灭。要达到这样的效果，必须将"想法"传达给单片机，这时程序闪亮登场。

3.1.3 编程实践

用 Keil 新建一个 C 语言程序工程，使 LED 点亮，详细代码如下：

```
#include<reg51.h>          //此文件中定义了MCS51的一些特殊功能寄存器
sbit LED=P1^0;
void main( )
{
    LED=0;                 //置 P1.0 口为低电平
    while(1);
}
```

仅仅将 LED 点亮还不够，毕竟在生活中很少会让 LED 一直保持点亮，因此接下来继续在上述 Keil 工程中进行代码扩充，使 LED 进行亮灭闪烁。详细代码如下：

```
#include <reg51.h>          //此文件中定义了MCS 51的一些特殊功能寄存器
sbit LED=P1^0;
//声明全局函数
void Delay10ms(unsigned int c);  //延时 10 ms

void main( )
{
    while(1)
    {
        LED = 0;            //置 P1.0 口为低电平
        Delay10ms(50);     //调用延时程序，修改括号里面的值可以调整延时时间
        LED = 1;            //置 P1.0 口为高电平
        Delay10ms(50);     //调用延时程序
    }
}

//延时函数，延时 10 ms
void Delay10ms(unsigned int c)   //误差 0 μs
{
    unsigned char a, b;

    //c 已经在传递过来的时候赋值了，所以在 for 语句第一句就不用赋值了
```

```
    for (; c>0; c--)
    {
        for (b=38; b>0; b--)
        {
            for (a=130; a>0; a--);
        }
    }
}
```

　　程序编写完毕，并运行无误后可将生成的 HEX 文件可以导入到 Proteus 仿真文件中运行，可以看到 LED 可以进行亮灭闪烁。Proteus 仿真电路如图 3.4 所示。

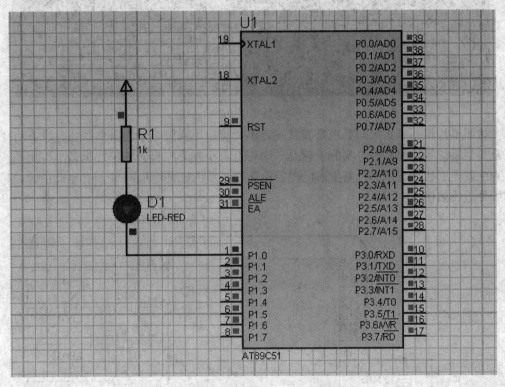

图 3.4　LED 亮灭闪烁 Proteus 仿真电路

3.2　跑马灯工作原理与实践

3.2.1　跑马灯工作原理

　　相信大家都有过乘坐地铁的经历。如图 3.5 所示，在地铁车厢门的上面有的一串 LED 显示灯，每到达一个站点，对应的 LED 就会点亮，从而提示乘客当前地铁所处的站点，这种依次点亮 LED 的电路在单片机设计中通常称为跑马灯电路或流水灯电路。

图 3.5　地铁车厢中的跑马灯

　　按照单片机系统扩展与系统配置状况，单片机应用系统可分为最小系统、最小功耗系统及典型系统等。而跑马灯实际上就是一个带有八个发光二极管的单片机最小应用系统，即为由发光二极管、晶振、复位、电源等电路和必要的软件组成的单个单片机系统，其具体硬件组成如图 3.6 所示。

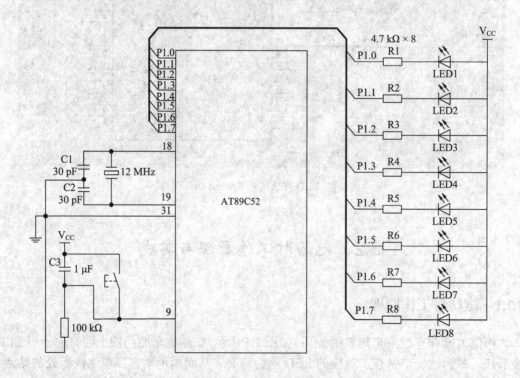

图 3.6　跑马灯硬件原理图

　　从原理图中可以看出，如果要让接在 P1.0 口的 LED1 亮起来，只要把 P1.0 口的电平变为低电平就可以了；相反，如果要让接在 P1.0 口的 LED1 熄灭，就要把 P1.0 口的电平变为高电平。同理，接在 P1.1～P1.7 口的其他 7 个 LED 的点亮和熄灭的方法同 LED1。因此，要实现流水灯功能，只要将发光二极管 LED1～LED8 依次点亮、熄灭，8 只 LED 便会一亮一暗地呈现流水灯效果了。在此还应注意一点，由于人眼的视觉暂留效应以及单片机执行每条指令的时间很短，在控制二极管亮灭的时候应该延时一段时间，否则就看不到"流水"效果了。

3.2.2　编程实践

　　用 Keil 新建一个 C 语言程序工程，使 LED 从左往右依次点亮，且在点亮当前 LED 时，使其他 LED 均熄灭，详细代码如下：

```
//包含要使用的头文件
#include <reg51.h>                  //此文件中定义了一些特殊功能寄存器
#include <intrins.h>


//声明全局函数
void Delay10ms(unsigned int c);     //延时 10 ms
void main( )
{
    unsigned char LED;
    LED = 0x01;                     //0xfe = 1111 1110
    while (1)
    {
        P0 = LED;
        Delay10ms(50);
        LED = LED << 1;             //循环左移 1 位，点亮下一个 LED，"<<"为左移位
        if (P0 == 0x00)             //当它全灭的时候，重新赋值
        {
            LED = 0x01;             // 0xfe = 1111 1110
        }
    }
}


//延时函数，延时 10 ms
void Delay10ms(unsigned int c)      //误差 0 μs
{
    unsigned char a, b;
    //c 已经在传递过来时赋值了，所以在 for 语句第一句就不用赋值了
```

```
        for (; c>0; c--)
        {
            for (b=38; b>0; b--)
            {
                for (a=130; a>0; a--);
            }
        }
    }
```

程序编写完毕，运行无误后将生成的 HEX 文件导入到 Proteus 仿真文件中运行，可以
看到 LED 可以执行循环点亮操作。Proteus 仿真电路如图 3.7 所示。

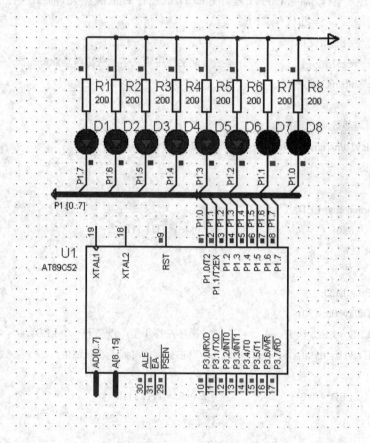

图 3.7 跑马灯 Proteus 仿真电路

3.3 移植到开发板

当程序经过编译、仿真之后，正确无误，可将生成的 HEX 文件下载至开发板运行。
以普中科技单片机开发板 HC6800-EM3 V3.0 为例，具体步骤如下：

(1) 连接开发板 LED 模块相关电路，连线方式如图 3.8 所示。

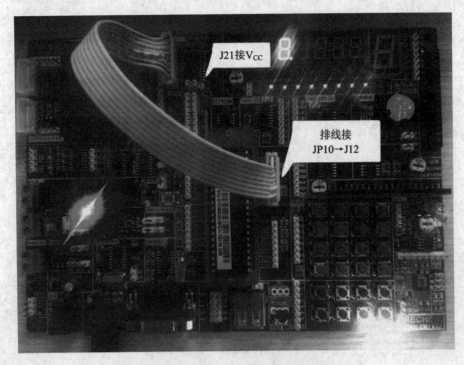

图 3.8 LED 模块相关电路连线关系

(2) 打开开发板电源，如图 3.9 所示。

图 3.9 打开开发板电源

(3) 使用 PZ-ISP 下载 LED 程序，具体参数设置如图 3.10 所示，设置参数完毕后点击"打开文件"按钮，找到 Keil 工程目录下的 .hex 文件，选中并打开，点击"下载程序"，提示下载成功。

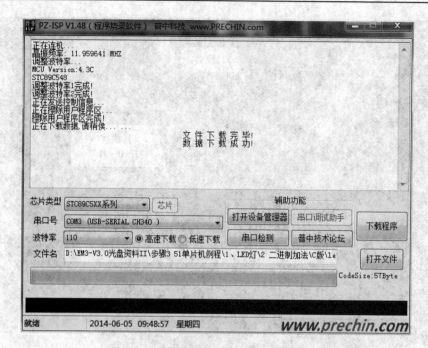

图 3.10　使用 PZ-ISP 下载 LED 程序

(4) 程序自动运行，如 LED 没有效果，请将开发板重启。

注意： 在做 LED 实验时，数码管也会跟着一起闪烁。这是因为数码管的段选和位选都接在 74HC573 锁存器的输出端上，所以在做数码管或者 LED 实验时两者会一起工作。

如果不想让数码管闪烁，可以把 J15、J16 上的 8 个跳线帽都拔掉，如图 3.11 所示。

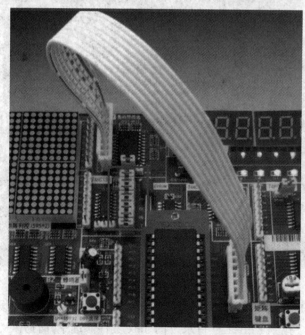

图 3.11　把 J15、J16 上的 8 个跳线帽拔掉

3.4 实 践 报 告

请用 Keil 新建一个 C 语言程序工程，要求编写程序实现：

(1) 从左往右每次点亮一个 LED，当点亮所有 LED 时，全灭；再从右往左每次点亮一个 LED，当点亮所有 LED 时，全灭。

(2) 全灭、全亮两次。

(3) 隔 1 s 交替灭、亮两次。

(4) 重复。

将程序下载至开发板调试，正确无误后撰写实践报告。

第4章　数码管显示器设计与实践

　　显示器作为单片机系统中最简单的输出设备，用以显示单片机系统的运行结果和运行状态，常用的显示器主要有 LED 数码显示器、LCD 液晶显示器和 CRT 显示器。在单片系统中，通常用 LED 数码显示器显示各种数字或符号，由于它具有显示清晰、亮度高、电压低、寿命长的特点，因此应用非常广泛。本章以 LED 为例，介绍其结构、工作原理以及编程实践。

4.1　让数字显示出来

　　LED 数码管是由发光二极管显示字段的显示器件，也称为数码管。LED 数码管显示器按段数可分为七段数码管显示器和八段数码管显示器，八段数码管比七段数码管多一个发光二极管单元，也就是多一个小数点(dp)，可以更精确地表示数码管想要显示的内容。单片机系统中通常使用八段 LED 数码管显示器，其外形及引脚如图 4.1(a)所示。

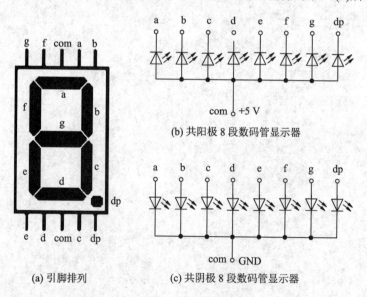

图 4.1　八段 LED 数码管显示器

　　由图 4.1 可见，八段 LED 数码管显示器由 8 个发光二极管组成，其中 7 个长条形的发光二极管排列成"日"字形，另一个圆点形的发光二极管在显示器的右下角作为小数点,通过不同的组合可显示数字、包括 A～F 在内的部分英文字母和小数点"."等字样。

　　LED 显示器有两种不同的形式:一种是 8 个发光二极管的阳极都连在一起,称为共阳极 LED 显示器;另一种是 8 个发光二极管的阴极都连在一起,称为共阴极 LED 显示器,如图 4.1(b)、(c)所示。

　　共阴和共阳结构的 LED 显示器各笔画段名和安排位置是相同的,当二极管导通时,相应的笔画段发亮,由发亮的笔画段组合显示各种字符。8 个笔画段 dp、g、f、e、d、c、b、a 对应一个字节(8 位)的 D7、D6、D5、D4、D3、D2、D1、D0,于是用 8 位二进制码就可以表示要显示字符的字形代码。例如,对于共阴极 LED 显示器,当公共阴极接地(为零电平),而阳极 dp、g、f、e、d、c、b、a 各段为 01110011 时,显示器显示"P"字符,即对于共阴极 LED 显示器,"P"字符的字形码是 0x73。如果是共阳极 LED 显示器,公共阳极接高电平,显示"P"字符的字形代码应为 10001100(0x8C)。这里必须注意的是,很多产品为了方便接线,常不按规定的方法去对应字段与位的关系,这时字形码就必须根据接线自行设计。

4.2　静态数码管显示原理与实践

4.2.1　静态数码管显示原理

　　数码管工作在静态显示方式时,共阴极(共阳极)的公共端 com 连接在一起接地(电源)。每位的段选线与一个 8 位并行口相连。只要在该位的段选线上保持段选码电平,该位就能保持相应的显示字符。这里的 8 位并行口可以直接采用并行 I/O 接口(例如 8051 的 P1 端口、8155 和 8255 的 I/O 端口等),也可以采用串行输入/输出的移位寄存器。考虑到若采用并行 I/O 接口,占用 I/O 资源较多,因而静态显示方式常采用串行接口方式,外接 8 位移位寄存器 74HC164 构成显示电路。图 4.2 为通过串行口扩展 8 位 LED 显示器静态驱动电路,在 TXD(P3.1)运行时钟信号,将显示数据由 RXD(P3.0)口串行输出,串行口工作在移位寄存器方式(方式 0)。

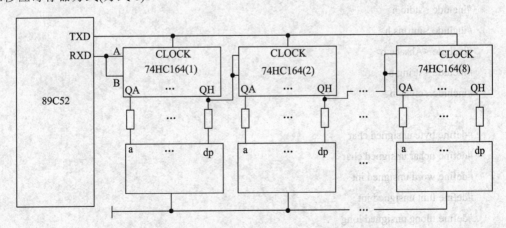

图 4.2　串行口扩展 8 位 LED 显示器静态驱动电路

图 4.2 中使用的是共阴极数码管，因而各数码管的公共端 com 接地，要显示出某字段，则相应的移位寄存器 74HC164 的输出线必须是高电平。要显示某个字符，首先要把这个字符转换成相应的字形码，然后再通过串行口发送到 74HC164。74HC164 把串行口收到的数变为并行输出加到数码管上。先建立一个字形码表，以十六进制数的次序存放它们的相应字形码，共阴极字形码表如表 4.1 所示。

表 4.1　共阴极字形码表

显示字符	字形码	显示字符	字形码
0	0x3f	A	0x77
1	0x06	B	0x7c
2	0x5b	C	0x39
3	0x4f	D	0x5e
4	0x66	E	0x79
5	0x6d	F	0x71
6	0x7d	P	0x73
7	0x07	U	0x3e
8	0x7f	全亮	0xff
9	0x6f	全灭	0x00

例如，显示字符 6，查表可知 6 的字形码为 0x7d，把 0x7d 送到 8 位移位寄存器 74HC164 即可。显然，要显示字符 0~9、A~F，其高 4 位为全 0，低 4 位为十六进制数。如果要显示的数高 4 位不是 0，则要通过程序加以变换。

4.2.2　编程实践

用 Keil 新建一个 C 语言程序工程，按照图 4.2 所示电路编写显示驱动程序，详细代码如下：

```
#include <REG52.H>
#include <stdio.h>
#include <intrins.h>
#include <Absacc.h>
#include <string.h>
#include <ctype.h>

#define byte unsigned char
#define uchar unsigned char
#define word unsigned int
#define uint unsigned int
#define ulong unsigned long
#define BYTE unsigned char
```

```c
#define WORD unsigned int

#define TRUE   1
#define FALSE 0

void time(unsigned int ucMs);            //延时单位：ms
void   display(void);                     /*显示 0，1，…，8*/
/******** main 函数 *********/
void main (void)
{
    SCON=0x00;                            /*串行口方式 0 工作*/
    ES=0;                                 /*禁止串行中断*/
    for (;;)
    {
        display( );
    }
}
void   display(void)                      /*显示 0，1，…，8*/
{
    unsigned char code LEDValue[9]= {0x3f, 0x06, 0x5b, 0x4f, 0x66, 0x6d, 0x7d, 0x07, 0x7f};
    unsigned char i;
    TI=0;
    for (i=1; i<=8; i++)
    {                                     /*8 位数码管依次显示 0，1，…，8*/
        SBUF = LEDValue[9-i];
        while (TI==0); TI=0;
        time(1000);                       /*状态维持*/
    }
}
void time(unsigned int ucMs)             //延时单位：ms
{
    #define DELAYTIMES 239
    unsigned char ucCounter;
    while(ucMs != 0)
    {
        for(ucCounter=0; ucCounter<DELAYTIMES; ucCounter++)
        {}
        ucMs --;
    }
}
```

　　程序编写完毕并运行无误后将生成的 HEX 文件导入到 Proteus 仿真文件中运行，如图 4.3 所示，由于屏幕尺寸限制，Proteus 仿真文件中只用了 3 位数码管显示器，执行程序后可以看到 3 位数码管依次由左往右显示数字 0～8。

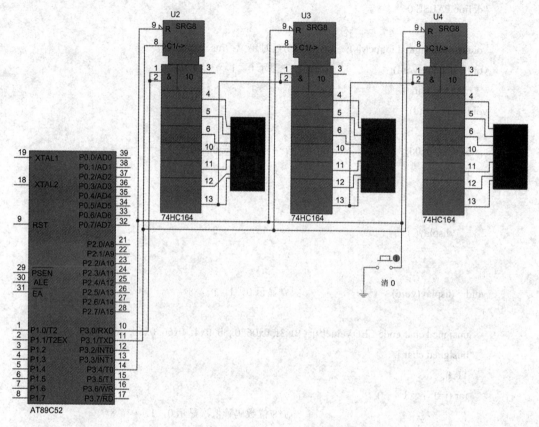

图 4.3　静态数码管显示 Proteus 仿真图

　　静态数码管显示的优点是显示无闪烁，亮度高，软件控制比较容易，缺点是需要的硬件电路较多(每一个数码管都需要一个锁存器或寄存器)，同时由于所有数码管都处于被点亮状态，所以需要的电流很大，当数码管的数量增多时，对电源的要求也就随之增高。所以，在大部分的硬件电路设计中，很少采用静态显示方式。

4.3　动态数码管显示原理与实践

4.3.1　动态数码管显示原理

　　LED 动态显示的基本实现方法在于分时轮流选通数码管的公共端，使得各数码管轮流导通，在选通相应 LED 后，即在显示字段上得到显示字形码。这种方式不但能够提高数码管的发光效率，而且由于各个数码管的字段线是并联使用的，从而大大简化了硬件线路。

　　动态扫描显示是单片机系统中应用最为广泛的一种显示方式。其接口电路就是把所有显示器的 8 个笔画段(a~dp)同名端连在一起，而每个显示器的公共端 com 各自独立地受 I/O 口线控制，CPU 向字段输出口送出字形码时，所有显示器由于同名端并联，故接收到相同的字形码，但究竟是哪个显示器亮，则由 com 端自行决定。所谓动态扫描，是指采用分时的方法轮流控制各个显示器的 com 端，使各个显示器轮流点亮。图 4.4 为四位共阴极数码管动态显示时的连接关系和显示状态。

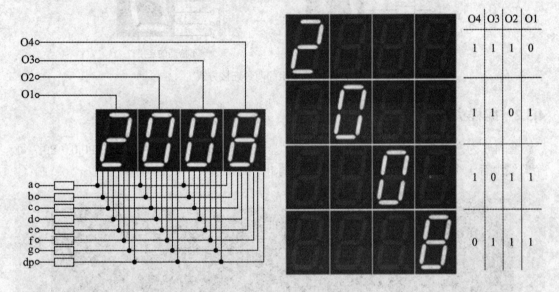

图 4.4　四位共阴极数码管动态显示时的连接关系和显示状态

在轮流点亮扫描过程中，对每个数码管的点亮周期有一个严格的要求：发光体从通入电流开始点亮到完全发光需要一定的时间，叫作响应时间。对于不同的发光材质这个时间是不同的，通常情况下为几百微秒。所有数码管的刷新周期(所有数码管被轮流点亮一次的时间)不要过短，以保证数码管每次刷新都完全点亮；同时刷新周期也不能过长，需要保持较高的刷新速度。由于人的视觉暂留现象及发光二极管的余辉效应，尽管实际上各位显示器并非同时点亮，但是只要扫描的速度足够快，给人的印象就是一组稳定的显示数据，不会有闪烁感。一般的数码管的刷新周期应该控制在 5~10 ms，即刷新率为 200~100 Hz。

动态显示的优点是硬件电路简单(数码管越多，这个优势越明显)，由于每个时刻只有一个数码管被点亮，所以所有数码管消耗的电流较小。缺点是数码管亮度不如静态显示时的亮度高。例如有 8 个数码管，以 1 s 为单位，每个数码管点亮的时间只有 1/8 s，所以亮度较低；如果刷新率较低，会出现闪烁现象；如果数码管直接与单片机连接，软件控制上会比较麻烦。

在应用数码管进行显示时，还需要考虑驱动电流，与发光二极管相同，数码管的发光段也需要串联限流电阻。以共阳极数码管为例，串联的限流电阻阻值越大，电流越小，亮度越低；电阻值越小，电流越大，亮度越高。在使用限流电阻时需要在每一个段位上都串联限流电阻，而不要在公共端上串联电阻，如果只在公共端上串联一个限流电阻，则在显示不同的数字时将会造成数码管的亮度不同。图 4.5 为限流电阻的两种连接方式。

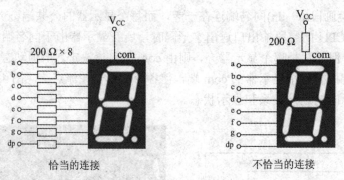

图 4.5　限流电阻的两种连接方式

4.3.2　编程实践

图 4.6 为一个典型的动态扫描 8 位 LED 显示电路。注意，AT89C52 的 P0.0～P0.7 每个口线上有 1 个 10 kΩ 的上拉电阻，图中未标出。

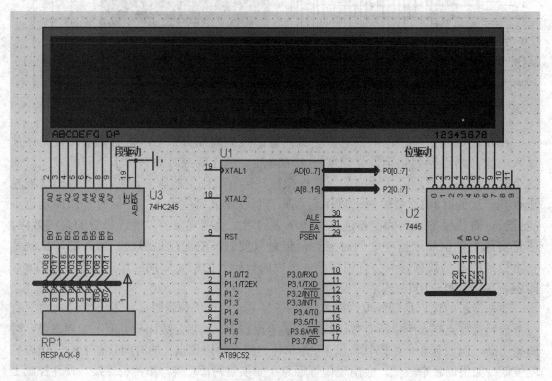

图 4.6　数码管动态扫描电路

图 4.6 中采用了共阴极的数码管，使用总线驱动器 74HC245 作为段驱动，由于 HC 电路的输出电阻较大，因此外部可直接驱动而不需要限流电阻。位驱动使用十进制译码驱动器 7445，具有 10 个 OC 门输出(图中用了 8 个)，用来驱动 8 段显示器的公共端 com。

数码管是 8 段共阴极 LED 显示器，所以发光时字形驱动输出 1 有效，位驱动输出 0 有效。注意，位驱动是 7445 的译码输出，如果要显示第 5 位(数码管序号为 0～7)数码管，7445 的输入端应为 DCBA＝0101。

　　请按照图 4.6 所示电路,先显示"8.8.8.8.8.8.8.8.",即点亮显示器所有段,持续约 500 ms;然后显示"HELLO-93",保持。

　　用 Keil 新建一个 C 语言程序工程,按照图 4.6 所示电路编写数码管动态扫描驱动程序,详细代码如下:

```c
#include <intrins.h>
#include <REGX52.H>
#define TRUE 1
#define dataPort    P0      /*定义 P0 为段输出口*/
#define ledConPort P2       /*定义 P2 为位输出口*/
unsigned char code ch[8] = {0x76, 0x79, 0x38, 0x38, 0x3f, 0x40, 0x6f, 0x4f};
    /*定义"HELLO-93"对应的数值*/
unsigned char code ch[9] = {0x3f, 0x06, 0x5b, 0x4f, 0x66, 0x6d, 0x7d, 0x07, 0x7f};
    /*LED 灯 0~8 译码*/


void time(unsigned int ucMs);           //延时单位: ms


void main(void)
{
    unsigned char i, counter = 0;        /*各 LED 状态值数组的索引*/
    for(i=0; i<30; i++)
    {                       //显示"8.8.8.8.8.8.8.8.",即点亮显示器所有段,持续约 500 ms;
        for(counter = 0; counter < 8;  counter++)
        {
            ledConPort = counter;
            dataPort = 0xff;             /*点亮选中的 LED*/
            time(5);                     /*延时 5 μs*/
        }
    }

    ledConPort = 0xff; time(2000);       //灭显示器,持续约 2 s

    while(TRUE)                          //显示"HELLO-93",保持
    {
        for(counter = 0;   counter < 8;  counter++)
        {
            ledConPort = counter;
            dataPort = ch[counter];      /*点亮选中的 LED*/
            time(300);                   /*延时 300 ms,时间较长,可观察动态扫描变化情况*/
            time(1);                     /*延时 5 ms,感觉不出扫描显示*/
```

```
    }
}
/*******************************************************
函数说明：延时 5 μs，晶振改变时只用改变这一个函数。
    1. 对于 11.0592 MHz 晶振而言，需要 2 个_nop_(          );
    2. 对于 22.1184 MHz 晶振而言，需要 4 个_nop_(          )。
*******************************************************/
void delay_5us(void)                    //延时 5 μs，晶振改变时只需改变这一个函数
{
    _nop_(          );
    _nop_(          );
    _nop_(          );
    _nop_(          );
}
/************ delay_50 μs **************/
void delay_50us(void)                   //延时 50 μs
{
    unsigned char i;
    for(i=0; i<4; i++)
    {
        delay_5us(          );
    }
}
/******** 延时 100 μs ****************/
void delay_100us(void)                  //延时 100 μs
{
    delay_50us(          );
    delay_50us(          );
}


/*********** 延时单位：ms ****************/
void time(unsigned int ucMs)            //延时单位：ms
{
    unsigned char j;
    while(ucMs>0)
    {
        for(j=0; j<10; j++) delay_100us(          );
            ucMs--;
```

```
        }
    }
```

程序编写完毕并运行无误后半生成的 HEX 文件导入到 Proteus 仿真文件中运行，运行效果如图 4.7 所示。

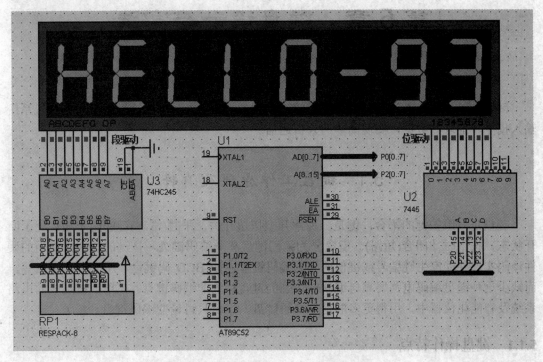

图 4.7　数码管动态显示 Proteus 仿真图

4.4　实　践　报　告

将静态和动态数码管显示电路的源程序分别编译并下载至开发板调试，正确无误后撰写实践报告。

第 5 章   键盘设计与实践

键盘是单片机嵌入式系统中最常用的输入设备，操作人员可以通过键盘向单片机系统输入指令、地址和数据，实现简单的人机通信。

5.1   键盘工作原理及消抖

键盘是一组按键的集合，键是一种常开型按钮开关，平时(常态)键的两个触点处于断开状态，按下时才闭合(短路)。键盘分为编码键盘和非编码键盘，按键的识别由专用的硬件译码实现并能产生键编号或键值的称为编码键盘，如 BCD 码键盘、ASCII 码键盘等，而缺少这种键盘编码电路要靠自编软件识别的键盘称为非编码键盘。在单片机组成的电路系统及智能化仪器中，用得更多的是非编码键盘，本节只讨论非编码键盘。

5.1.1   键盘操作特点

如图 5.1 所示，在按键 S 未被按下(即断开)时，P1.1 输入高电平，S 闭合后，P1.1 输入为低电平。通常按键所用的开关为机械弹性开关，当机械触点断开、闭合时，电压信号波形如图 5.1(b)所示。由于机械触点的弹性作用，一个按键开关在闭合时不会马上稳定地接通，在断开时也不会马上断开，因而在闭合及断开的瞬间均伴随有一连串的抖动。抖动时间的长短由按键的机械特性决定，一般为 5~10 ms。这种抖动对于人来说是感觉不到的，但对于单片机来说，则是完全可以感应到的，因为单片机的处理速度为微秒级。假如对按键不进行消抖处理，如通过键盘输入一个"1"，单片机程序却已执行了多次输入"1"的按键处理程序，其结果是认为输入了若干个"1"。

(a)   (b)

图 5.1   按键输入与抖动波形

5.1.2   按键抖动的消除方法

键抖动会引起一次按键被误读为多次，为了确保单片机对键的一次闭合仅做一次处理，必须消除键抖动，在键闭合稳定时取键状态，并且必须判别到键释放稳定后再进行处理。按键的抖动可用硬件或软件两种方法消除。

通常在键数较少时，可用硬件方法消除键抖动，RS 触发器为常用的硬件去抖电路。单片机系统中常用软件法，软件消抖法很简单，就是在单片机获得 P1.1 口为低电平的信息后，不是立即认定按键已被按下，而是延时 10 ms 或更长一些时间后再次检测 P1.1 口，如果仍为低电平，说明此键的确被按下了，这实际上是避开了按键按下时的抖动时间。而在检测到按键释放后(P1.1 为高)再延时 5～10 ms，消除后沿的抖动，再对键值处理。软件消抖判断流程如图 5.2 所示。不过一般情况下，通常不对按键释放的后沿进行处理，实践证明，此方法也能满足一定的要求。当然，实际应用中，对按键的要求也是千差万别的，要根据不同的需要编制处理程序，以消除键抖动为原则。

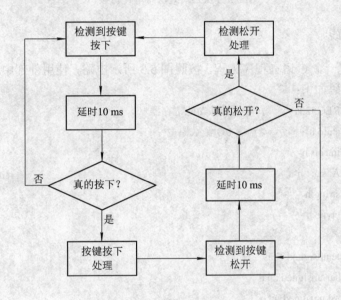

图 5.2　软件消抖判断流程图

5.2　独立式键盘工作原理与实践

5.2.1　独立式键盘工作原理

键盘的结构形式有两种：独立式键盘和行列式键盘。

独立式键盘是各按键互相独立地接通一条输入数据线，各按键的状态互不影响，如图 5.3 所示。这是最简单的键盘结构，该电路采用了中断方式读取键值。89C51 系列单片机 P1 口在内部已经有上拉电阻，根据使用经验，图 5.3 中的 3 个上拉电阻可省略。

当没有按键按下时，与之相连的输入口线为 1(高电平)，与门输出为高电平。当任何一个键按下时，与之相连的输入口被置 0(低电平)，与门输出由高变低，产生外部中断条件，在中断服务程序中读取键盘值。

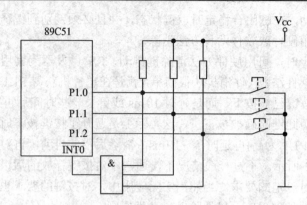

图 5.3　独立式键盘与单片机接口

5.2.2　编程实践

用 Keil 新建一个 C 语言程序工程,按照图 5.3 所示电路,使用外部中断编写独立式按键程序,详细代码如下:

```c
#include <REG52.H>        /*定义特殊功能寄存器*/
#include <stdio.h>        /*声明 I/O 函数原型*/
#include <intrins.h>
#include <Absacc.h>
#include <string.h>
#include <ctype.h>


#define byte unsigned char
#define uchar unsigned char
#define word unsigned int
#define uint unsigned int
#define ulong unsigned long
#define BYTE unsigned char
#define WORD unsigned int

#define TRUE    1
#define FALSE 0

void initUart(void);         /*初始化串口*/
#define KEY_PORT   P1        /*按键接在 P1 口*/
uchar key_Value;             /*存放键值*/
bit    int0_flag;            /*中断标记*/
/********* main 函数 *********/
void main (void)
```

```c
{
    initUart(        );              /*初始化串口*/
    int0_flag = 0;                   /*设置中断 0 标记*/
    TCON = 0x55;                     /*电平触发外部中断*/
    IE=0x81;                         /*打开外中断 int0*/
    do
    {
        if (int0_flag)
        {                            /*如果有中断*/
            switch (key_Value)
            {                        /*根据中断源分支*/
                case 1:
                    printf ("key-press0 is pressed\n");
                    /*可在此处插入按键 0 处理程序*/
                break;
                case 2:
                    printf ("key-press1 is pressed\n");
                    /*可在此处插入按键 1 处理程序*/
                break;
                case 4:
                    printf ("key-press2 is pressed\n");
                    /*可在此处插入按键 2 处理程序*/
                break;
                default: break;
            }
            int0_flag=0;             /*清中断 0 标记*/
        }
    }while(TRUE);
}
/********** 外中断 0 服务程序***************/
void exint0(void) interrupt 0
{
    EA=0;                            /*关总中断*/
    int0_flag = 1;                   /*设置中断 0 标记*/
    /*读取外部中断源输入，并屏蔽高 5 位*/
    key_Value = ~KEY_PORT & 0x07;
    EA=1;                            /*开总中断*/
}
/********** 初始化串口波特率 ***********/
```

```
void initUart(void)                        /*初始化串口波特率，使用定时器2*/
{
    /*Setup the serial port for 9600 baud at 11.0592MHz*/
    SCON = 0x50;                           /*串口工作在方式1*/
    RCAP2H = (65536-(3456/96))>>8;
    RCAP2L = (65536-(3456/96))%256;
    T2CON=0x34;
    TI = 1;                                /*置位 TI*/
}
```

程序编写完毕并运行无误后，将生成的 HEX 文件导入到 Proteus 仿真文件中运行，运行效果如图 5.4 所示。

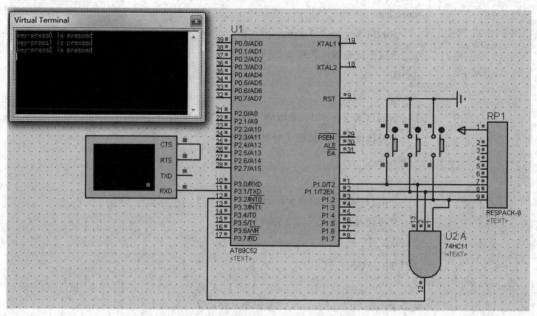

图 5.4　独立式键盘 Proteus 仿真图

独立式键盘结构的优点是电路简单，缺点是当键数较多时要占用较多的 I/O 线。

5.3　行列式键盘工作原理与实践

5.3.1　行列式键盘工作原理

为了减少键盘与单片机接口时所占用 I/O 口线的数目，在键数较多时，通常都将键盘排列成行列矩阵式，如图 5.5 所示。每一水平线(行线)与垂直线(列线)的交叉处不相通，是通过一个按键连通的。利用这种行列矩阵结构只需 N 个行线和 M 个列线即可组成 $M \times N$ 个按键的键盘。图 5.5 为 4×4(16 键)行列式键盘电路。由于 89C52 单片机 P1 口在内部已经有上拉电阻，根据使用经验，外部上拉电阻可以省掉。

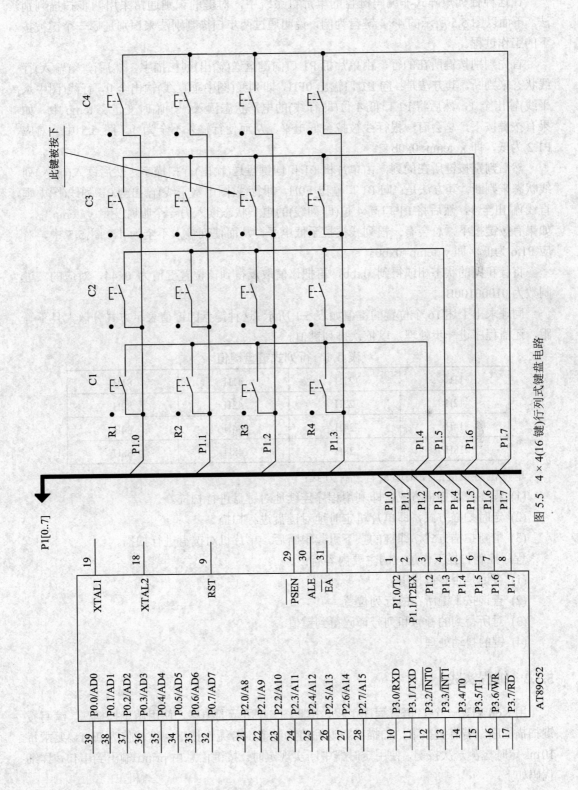

图 5.5　4 × 4(16 键)行列式键盘电路

　　在这种行列矩阵式非编码键盘的单片机系统中，对键的识别通常采用两步扫描判别法。下面以图 5.5 所示的 4×4 键盘为例，说明通过两步扫描判别法来识别是哪一个键被按下的工作过程。

　　首先判别按键所在的行，由单片机 P1 口向键盘送(输出)列扫描字，然后读入(输入)行线状态来判断。其方法是：向 P1 口输出 0FH，即列线(图中垂直线)输出全 0，行线(图中水平线)输出全 1，然后将 P1 口低 4 位(即行线)的电平状态读入一个临时变量 x_temp 中。如果有按键按下，总会有一根行线被拉至低电平，从而使行输入不全为 1。图 5.5 中，对应 P1.2 为低，即 x_temp=0x0b。

　　然后判别按键所在的列，由单片机 P1 口向键盘送(输出)行扫描字，然后读入(输入)列线状态来判断。其方法是：向 P1 口输出 F0H，即行线(图中水平线)输出全 0，列线(图中垂直线)输出全 1，然后将 P1 口高 4 位(即列线)的电平状态读入另一个临时变量 y_temp 中。如果有按键按下，总会有一根列线被拉至低电平，从而使列输入不全为 1。图 5.5 中，对应 P1.6 为低，即 y_temp=0xb0。

　　将行和列的状态相或得到 0xbb，再把该值取反得到该位置键值为 0x44，对应的二进制数为 01000100B。

　　同理求出上述 16 个位置的键值如表 5.1 所示。这种键盘的键值表示方式分散大且不等距，还需程序进一步处理，以依次排列键值。

表 5.1　行列式键盘键值

11H	21H	41H	81H
12H	22H	42H	82H
14H	24H	44H	84H
18H	28H	48H	88H

单片机对按键的控制通常有三种方式：

(1) 程序控制扫描方式，即利用程序连续地对键盘进行扫描。

(2) 定时扫描方式，即单片机定时地对键盘进行扫描。

(3) 中断扫描方式，即键的按下引起中断后，单片机对键盘进行扫描。

程序控制扫描工作过程的主要内容有：

(1) 查询是否有键按下。

(2) 查询按下键所在的行列位置。

(3) 对所得到的行号和列号译码得到键值。

(4) 键的抖动处理。

5.3.2　编程实践

　　用 Keil 新建一个 C 语言程序工程，按照图 5.5 所示的电路，使用两步扫描法，编写按键扫描程序。若有键按下，扫描函数返回值为键值；若无键按下，返回值为 0xff。要求每 10 ms 定时检测一次按键，使用定时器中断实现定时。按键信息由 printf 输出到串口，详细代码如下：

```
#include <string.h>
```

```c
#include <ctype.h>

#define byte unsigned char
#define uchar unsigned char
#define word unsigned int
#define uint unsigned int
#define ulong unsigned long
#define BYTE unsigned char
#define WORD unsigned int

#define TRUE    1
#define FALSE   0

void initUart(void);                        /*初始化串口*/
#define KEY_PORT    P1                       /*按键接在 KEY_PORT 口*/
uchar key_Value=0xff;                        /*存放键值*/
uchar keyscan(void);                         /**扫描按键函数——两步扫描判别法  **/
void Key_process(void);                      /*键值处理程序*/
/********* main  函数 *********/
void main (void)
{
    initUart( );                            /*初始化串口*/

    TMOD=0x10;                              /*设置定时器 1 为工作方式 1*/
    TH1=-10000>>8; TL1=-10000 % 256;        /*定时器 1 每 10 000 计数脉冲发生 1 次中断,
                                               12 MHz 晶振,定时时间 10 000 μs*/
    TCON=0x40;                              /*内部脉冲计数*/
    IE=0x88;                                /*打开定时器中断*/
    key_Value=0xff;
    do
    {
        if (key_Value!=0xff)
        {                                   /*如果有按键*/
            Key_process( );                 /*键值处理程序*/
            key_Value=0xff;                 /*重置键值*/
        }
        /*可在此处插入其他任务处理函数*/
    }while(TRUE);
}
```

```
/******* 定时器/计数器 1 中断服务程序 ***/
void timer1int(void) interrupt 3
{
    EA=0;                                  /*关总中断*/
    TR1 = 0;                               /*停止计数*/
    TH1 = -10000>>8; TL1 = -10000 % 256;   /*定时器 1 每 10 000 计数脉冲发生 1 次中断,
                                             12 MHz 晶振，定时时间 10 000 μs */
    TR1 = 1;                               /*启动计数*/
    key_Value = keyscan( );
    EA=1; /*开总中断*/
}
/*****扫描按键函数——两步扫描判别法 *****/
uchar keyscan(void)                        /**扫描按键函数——两步扫描判别法**/
{
    uchar readkey, rereadkey;
    uchar x_temp, y_temp;

    KEY_PORT=0x0f;
    x_temp = KEY_PORT & 0x0f;
    if (x_temp == 0x0f) return(0xff);      /*无按键，退出*/
    KEY_PORT=0xf0;
    y_temp = KEY_PORT & 0xf0;
    readkey = x_temp | y_temp;
    time(10);                              /*延时 10 ms 后再测按键*/
    KEY_PORT = 0x0f;
    x_temp = KEY_PORT & 0x0f;
    if (x_temp == 0x0f) return(0xff);      /*无按键，退出*/
    KEY_PORT = 0xf0;
    y_temp = KEY_PORT & 0xf0;
    rereadkey = x_temp + y_temp;
    if   (readkey == rereadkey)
    {              /*两次一致*/
        return(~rereadkey);
    }
    return(0xff);
}
void Key_process(void)                     /*键值处理程序*/
{
    switch (key_Value)
```

```
    {       /*根据中断源分支*/
            /*按第 1 行键*/
        case 0x11:
            printf ("Key(R1, C1) is pressed\n");
            /*可在此处插入该按键的处理程序*/
        break;
        case 0x21:
            printf ("Key(R1, C2) is pressed\n");
            /*可在此处插入该按键的处理程序*/
        break;
        case 0x41:
            printf ("Key(R1, C3) is pressed\n");
            /*可在此处插入该按键的处理程序*/
        break;
        case 0x81:
            printf ("Key(R1, C4) is pressed\n");
            /*可在此处插入该按键的处理程序*/
        break;
    /*按第 2 行键*/
        case 0x12:
            printf ("Key(R2, C1) is pressed\n");
            /*可在此处插入该按键的处理程序*/
        break;
        case 0x22:
            printf ("Key(R2, C2) is pressed\n");
            /*可在此处插入该按键的处理程序*/
        break;
        case 0x42:
            printf ("Key(R2, C3) is pressed\n");
            /*可在此处插入该按键的处理程序*/
        break;
        case 0x82:
            printf ("Key(R2, C4) is pressed\n");
            /*可在此处插入该按键的处理程序*/
        break;
    /*按第 3 行键*/
        case 0x14:
            printf ("Key(R3, C1) is pressed\n");
            /*可在此处插入该按键的处理程序*/
```

```
            break;
        case 0x24:
            printf ("Key(R3, C2) is pressed\n");
            /*可在此处插入该按键的处理程序*/
        break;
        case 0x44:
            printf ("Key(R3, C3) is pressed\n");
            /*可在此处插入该按键的处理程序*/
        break;
        case 0x84:
            printf ("Key(R3, C4) is pressed\n");
            /*可在此处插入该按键的处理程序*/
        break;
    /*按第 4 行键*/
        case 0x18:
            printf ("Key(R4, C1) is pressed\n");
            /*可在此处插入该按键的处理程序*/
        break;
        case 0x28:
            printf ("Key(R4, C2) is pressed\n");
            /*可在此处插入该按键的处理程序*/
        break;
        case 0x48:
            printf ("Key(R4, C3) is pressed\n");
            /*可在此处插入该按键的处理程序*/
        break;
        case 0x88:
            printf ("Key(R4, C4) is pressed\n");
            /*可在此处插入该按键的处理程序*/
        break;
        default: break;
    }
}


/********** 初始化串口波特率 ***********/
void initUart(void)                 /*初始化串口波特率，使用定时器 2*/
{
    /* Setup the serial port for 9600 baud at 11.0592 MHz */
    SCON = 0x50;                    /*串口工作在方式 1*/
```

```
        RCAP2H = (65536 - (3456/96)) >> 8;
        RCAP2L = (65536 - (3456/96))%256;
        T2CON = 0x34;
        TI   = 1;                           /*置位 TI*/
    }
```

　　程序编写完毕并运行无误后，将生成的 HEX 文件导入到 Proteus 仿真文件中运行，运行效果如图 5.6 所示。

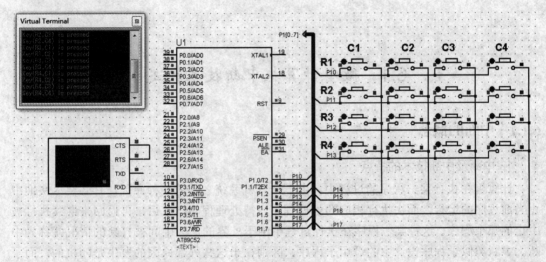

图 5.6　行列式键盘 Proteus 仿真图

5.4　实 践 报 告

　　将独立式键盘和行列式键盘电路的源程序分别编译并下载至开发板调试，正确无误后撰写实践报告。

第6章　中断系统设计与实践

6.1　微型计算机中断技术概述

6.1.1　中断的概念

1. 中断及中断技术的特点

计算机在执行某一程序的过程中，由于计算机系统之外的某种原因，有必要尽快地中止当前程序的运行，而去执行相应的处理程序，待处理程序结束后，再返回来继续执行被中止的那个程序。这种某一程序在执行过程中由于外界的原因中间被打断的情况就称为中断。中断类似于程序设计中的调用子程序，区别在于这些外部原因的发生是随机的，而子程序调用是程序设计人员事先安排好的。

能够打断当前程序的外部事件被称为中断源。中断属于一种对事件的实时处理过程，中断源可能随时迫使 CPU 停止当前正在执行的工作，转而去处理中断源指示的另一项工作，待后者完成后再返回原来工作的断点处，继续原来的工作。

一个计算机一般具有多个中断源，这就存在中断优先权和中断嵌套的问题。例如，一个人在读书时如果接了电话并且正在通话时，又有人敲门，由于敲门的优先权更高，这个人又"响应"这个敲门的中断申请，暂停通话，去与敲门人交谈；交谈完毕，接着原来的话茬继续通话，直到通话完毕，再返回书桌前继续看书。这里，敲门的中断源就比电话的中断源优先权高，因此，出现了中断嵌套，即高级优先权的中断源可以打断低级中断优先权的中断服务程序，而去执行高级中断源的中断处理，直至该程序处理完毕，再返回接着执行低级中断源的中断服务程序，直至这个程序处理完毕，最后返回主程序。

计算机响应中断的条件是：计算机的 CPU 是处于开中断状态的，同时只能在一条指令执行完毕后才能响应中断请求。

2. 中断功能

利用中断技术，可实现高速 CPU 与慢速外设之间的配合，可实现计算机的实时处理，可实现故障的紧急处理，操作人员还可利用键盘中断等实现人机联系。

随着计算机软硬件技术的发展，中断技术也在不断丰富，中断功能已经成为评价计算机系统整体性能的一项重要指标。

6.1.2　中断处理过程

CPU 响应中断源的中断请求后，就转去进行中断处理。不同的中断源其中断处理内容可能不同，但主要内容及顺序都如图 6.1 所示。

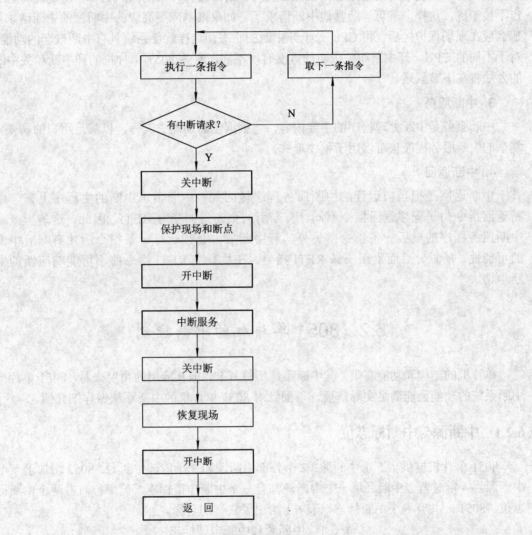

图 6.1　中断处理流程

从图 6.1 可以看到中断处理的过程，下面做几点补充说明。

1. 保护现场与恢复现场

为了使中断服务程序的执行不破坏 CPU 中寄存器或存储单元的原有内容，以免在中断返回后影响主程序的运行，要把 CPU 中有关寄存器或存储单元的内容推入堆栈中保护起来，这就是所谓的保护现场。而在中断服务程序结束时和返回主程序之前，则需要把保护起来的那些现场内容从堆栈中弹出，以便恢复寄存器或存储单元原有的内容，这就是恢复现场。注意一定要按先进后出的原则推入和弹出堆栈。

2. 开中断与关中断

在中断处理正在进行的过程中，可能又有新的中断请求到来，一般说来，为防止这种高于当前优先级的中断请求打断当前的中断服务程序的执行，CPU 响应中断后应关断(很多 CPU 是自动关中断的，但 8051 单片机不是自动关闭的，需要用软件指令关闭)，而在编写保护现场和恢复现场的程序时，也应在关闭中断后进行，以使保护现场和恢复现场的工作不被干扰，这样，就可屏蔽其他中断请求了。如果要响应更高级的中断源的中断请求，那么应在现场保护之后，将 CPU 处于开中断的状态，这样就使系统具有中断嵌套的功能。对于不同的 CPU，开中断和关中断的方法有所不同，有关 8051 单片机的开中断和关中断的办法将在下节叙述。

3. 中断服务

中断服务是中断处理程序的主要内容，将根据中断功能去编写，以满足用户的需要。复杂的中断服务程序也可以用子程序形式。

4. 中断返回

中断返回是把当前运行的中断服务程序转回到被中断请求中断的主程序上来。中断返回指令与子程序返回指令不同，有专用的中断返回指令 RETI。因此，这条指令是中断服务程序的最后一条指令；另外，开中断后，必须运行一条指令后才有响应中断的可能性，所以，后面紧跟一条 RETI 指令，在执行完 RETI 指令前不可能响应新的中断申请。

6.2　8051 单片机的中断控制

单片机的结构和功能有限，其中断系统不算复杂，但从应用的角度来看，8051 单片机中断系统的功能已能满足实际需要。下面针对 8051 单片机的中断系统做详细介绍。

6.2.1　中断源与中断标志位

8051 单片机提供了 5 个中断源：2 个外部中断源和 3 个内部中断源。8052 增加了一个中断源——定时器 2 中断。每一个中断源都有一个中断申请标志，但串行口占两个中断标志位。8051 一共有 6 个中断标志，表 6.1 给出了它们的名称。

表 6.1　中断源和中断申请标志

分　类	中断源名称	中断申请标志	触发方式	中断入口地址
外部中断	$\overline{INT0}$ 外部中断 0	IE0(TCON.1)	INT0(P3.2)引脚上的低电平/下降沿引起的中断	0003H
内部中断	T0 定时器/计数器 0 中断	IF0(TCON.5)	T0 定时器/计数器溢出后引起的中断	000BH
外部中断	$\overline{INT1}$ 外部中断 1	IE1(TCON.3)	INT1(P3.3)引脚上的低电平/下降沿引起的中断	0013H

续表

分　类	中断源名称	中断申请标志	触发方式	中断入口地址
内部中断	T1 定时器/计数器 1 中断	IF1(TCON.7)	T1 定时器/计数器溢出后引起的中断	001BH
内部中断	串口中断	RI(SCON.0) TI(SCON.1)	串行口接收完成或发送完一帧数据后引起的中断	0023H
外/内部中断	定时器 2 中断 (仅 8052)	TF2(T2CON.7) EXF2(T2CON.6)	T2 定时器/计数器计数满后溢出，置标志位 TF2；或当外部输入 T2EX 发生从 1 到 0 的下降时置标志位 EXF2，引起中断	002BH

(1) 外部中断源：指可以向单片机提出中断申请的外部原因引起的中断源。外部中断源共有两个：外部中断 0 和外部中断 1，它们的请求信号分别由引脚 $\overline{INT0}$ (P3.2)和 $\overline{INT1}$ (P3.3)接入。外部中断的信号被称为外部事件，这个信号究竟是低电平有效还是下降沿有效，可以被软件设定，称之为"外部中断触发方式选择"。

(2) 内部中断源：有定时器中断和串行中断两种。定时器中断是为满足定时或计数的需要而设置的。8051 单片机内部有两个定时器/计数器，当其内部计数器溢出时，即表明定时时间已到或计数值已满，这时就以计数溢出作为中断请求去置位一个标志位，作为单片机接收中断请求的标志。这个中断请求是在单片机内部发生的，因此，无需从单片机芯片的外部引入输入端。

串行中断是为串行数据传送的需要而设计的，每当串行口接收和发送完一帧串行数据时，就产生一个中断请求。中断申请标志位是在两个特殊功能寄存器 TCON 和 SCON 中定义了相应位作为中断标志位，当其中某位为 0 时，相应的中断源没有提出中断申请；当其中某位变成 1 时，表示相应中断源已经提出了中断申请。对于这些申请何时予以响应，由硬件和软件共同确定。所有的中断申请标志位都可以由软件置位或清 0，其效果与硬件置位(置 1)或清 0 标志位是相同的。这就是说，可以由软件产生或者撤销一次中断申请。

8052 单片机增加了定时器 2，当定时器/计数器方式的计数器(TH2，TL2)计数满后溢出，置位中断请求标志位 TF2(T2CON.7)，向 CPU 申请中断处理；当外部输入端口 T2EX(P1.1)发生从 1 到 0 的下降沿时，也将置位中断请求标志位 EXF2(T2CON.6)，向 CPU 申请中断处理。

6.2.2　与中断有关的特殊功能寄存器(SFR)

与中断有关的特殊功能寄存器是中断允许控制寄存器(IE)、定时器控制寄存器(TCON)、中断优先级控制寄存器(IP)及串行口控制寄存器(SCON)。这四个寄存器都属于专用寄存器，且可以位寻址，通过置位和清零这些位以便对中断进行控制。

1. 中断允许控制寄存器(IE)

这个特殊功能寄存器的字节地址为 0A8H，其位地址为 A8H～AFH，也可以用 IE.0～IE.7 表示。该寄存器中各位的定义及位地址表示如表 6.2 所示。

表 6.2　中断允许控制寄存器各位的定义及位地址表示

位地址	AFH	AEH	ADH	ACH	ABH	AAH	A9H	A8H
位符号	EA		ET2	ES	ET1	EX1	ET0	EX0

其中与中断有关的控制位只有 7 位：

· EA：中断允许的总控制位。EA＝0 时，中断总禁止，相当于关中断，即禁止所有中断。EA＝1 时，中断总允许，相当于开中断。总的中断允许后，各个中断源是否可以申请中断，则由其余各中断源的中断允许位进行控制。

· EX0：外部中断 0 允许控制位。EX0＝0，禁止外中断 0；EX0＝1，允许外中断 0。

· EX1：外部中断 1 允许控制位。EX1＝0，禁止外中断 1；EX1＝1，允许外中断 1。

· ET0：定时器 0 中断允许控制位。ET0＝0，禁止该中断；ET0＝1，允许定时器 0 中断。

· ET1：定时器 1 中断允许控制位。ET1＝0，禁止该中断；ET1＝1，允许定时器 1 中断。

· ES：串行口中断允许控制位。ES＝0，禁止串行中断；ES＝1，允许串行中断。

· ET2：定时器 2 中断允许控制位。ET2＝0，禁止该中断；ET2＝1，允许定时器 2 中断。

由上可见，8051 单片机通过中断允许控制寄存器进行两级中断控制。EA 位作为总控制位，各中断源的中断允许位作为分控制位。总控制位为禁止(EA＝0)时，无论其他位是 1 或 0，整个中断系统是关闭的。只有总控制位为 1 时，才允许由各分控制位设定禁止或允许中断，因此，单片机复位时，IE 寄存器的初值(IE)＝00H，中断系统处于禁止状态，即关中断。

还要注意，单片机在响应中断后不会自动关中断(8086 等很多 CPU 响应中断后则自动关中断)，因此，如果在转入中断处理程序后，想禁止更高级的中断源的中断申请，可以用软件方式关闭中断。

对于中断允许寄存器状态的设置，由于 IE 既可以字节寻址又可以位寻址，因此，对该寄存器的设置既能够用字节操作指令进行，也可以使用位操作指令进行。

例如，假定要开放外中断 0，使用字节操作的指令是：

　　MOV IE,　#81H

如果使用位操作指令则需要两条指令，但更清晰：

　　SETB　　EA

　　SETB　　EX0

2. 定时器控制寄存器(TCON)

该寄存器的字节地址为 88H，位地址 88H～8FH，也可以用 TCON.0～TCON.7 表示。寄存器的定义及位地址表示如表 6.3 所示。

表 6.3　定时器控制寄存器的定义及位地址表示

位地址	8FH	8EH	8DH	8CH	8BH	8AH	89H	88H
位符号	TF1	TR1	TF0	TR0	IE1	IT1	IE0	IT0

这个寄存器既有中断控制功能，又有定时器/计数器的控制功能。其中与中断有关的控制位有 6 位：

- IE0：外部中断 0($\overline{\text{INT0}}$)请求标志位。当 CPU 采样到 $\overline{\text{INT0}}$ 引脚出现中断请求后，此位由硬件置 1。在中断响应完成后转向中断服务程序时，再由硬件自动清 0。这样，就可以接收下一次外中断源的请求。
- IE1：外中断 1($\overline{\text{INT1}}$)请求标志位，功能同上。
- IT0：外中断 0 请求信号方式控制位。IT0=1，下降沿有效；IT0=0，低电平有效。此位可由软件置 1 或清 0。
- IT1：外中断 1 请求信号方式控制位。IT1=1，下降沿有效；IT1=0，低电平有效。
- TF0：计数器 0 溢出标志位。当计数器 0 产生计数溢出时，该位由硬件置1，当转到中断服务程序时，再由硬件自动清 0。这个标志位的使用有两种情况：当采用中断方式时，把它作为中断请求标志位使用，该位为 1；当 CPU 开中断时，则 CPU 响应中断；采用查询方式时，作查询状态位使用。
- TF1：计数器 1 溢出标志位，功能同 TF0。

3. 中断优先级控制寄存器(IP)

8051 中断优先级的控制比较简单，因为系统只定义了高、低两个优先级，各中断源的优先级由特殊功能寄存器 IP 设定。

通过对特殊功能寄存器 IP 的编程，可以把 5 个(对于 8052 是 6 个)中断源分别定义在两个优先级中。IP 是中断优先级寄存器，可以位寻址。IP 的低 6 位分别各对应一个中断源：某位为 1 时，相应的中断源定义为高优先级；某位为 0 时，定义为低优先级。软件可以随时对 IP 的各位清零或置位。

IP 寄存器的字节地址为 0B8H，位地址为 B8H～BFH，或用 IP.0～IP.7 表示。寄存器的定义和位地址表示如表 6.4 所示。

表 6.4　中断优先级控制寄存器的定义和位地址表示

位地址	BFH	BEH	BDH	BCH	BBH	BAH	B9H	B8H
位符号	—	—	PT2(IP.5)	PS(IP.4)	PT1(IP.3)	PX1(IP.2)	PT0(IP.1)	PX0(IP.0)

其中与中断有关的控制位有 6 位：

- PX0：外部中断 0 优先级设定位。该位为 0，优先级为低；该位为 1，优先级为高。
- PT0：定时中断 0 优先级设定位。定义同上。
- PX1：外部中断 1 优先级设定位。定义同上。
- PT1：定时中断 1 优先级设定位。定义同上。
- PS：串行中断优先级设定位。定义同上。
- PT2：定时中断 2 优先级设定位。定义同上(仅 8052)。

另外，8051 单片机的硬件把全部中断源在同一个优先级的情况下按下列顺序排列了优先权，$\overline{INT0}$优先权最高，定时器2优先权最低。

INT0、 T0、 INT1、 T1、 串口、T2

（最高）◄————————— （最低）

一个中断服务子程序被另一个中断申请所中断，称为中断嵌套。8051 单片机至少可以实现两级中断嵌套。图 6.2 是两级中断嵌套的示意图。

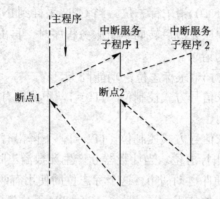

图 6.2 两级中断嵌套示意图

在中断开放的条件下，中断优先级结构解决了如下两个问题：① 正在执行一个中断服务子程序时，如果发生了另一个中断申请，CPU 是否立即响应它而形成中断嵌套；② 如果一个中断服务子程序执行完之后，发现已经有若干中断都提出了申请，那么应该先响应哪一个申请。

在开放中断的条件下，用下述四个原则使用中断优先级结构：

(1) 非中断服务子程序可以被任何一个中断申请所中断，而与优先级结构无关。

(2) 如果若干中断同时提出申请，则 CPU 将选择优先级、优先权最高者予以响应。

(3) 低优先级可以被高优先级的中断申请所中断。换句话说，同级不能形成嵌套、高优先级不能被低优先级嵌套，当禁止嵌套时，必须执行完当前中断服务子程序之后才考虑是否响应另一个中断申请。

(4) 同一个优先级里，优先权的顺序是由硬件决定而不能改变的。但是用户可以通过改变优先级的方法改变中断响应的顺序。例如，8051 单片机中串行口的优先权最低，但是可以在中断优先级寄存器 IP 中写入 10H，则只有串行口是最高优先级。若同时有若干中断提出申请，则一定会优先响应串行口的申请。

8051 复位以后，特殊功能寄存器 IP 的内容为 00H，所以在初始化程序中要考虑到对其编程。

4. 串行口控制寄存器(SCON)

串行口控制寄存器字节地址为 98H，位地址 98H～9FH，或 SCON.0～SCON.7，寄存器的定义和位地址表示如表 6.5 所示。

表 6.5 串行口控制寄存器的定义和位地址表示

位地址	9FH	9EH	9DH	9CH	9BH	9AH	99H	98H
位符号	SM0	SM1	SM2	REN	TB8	RB8	TI	RI

其中与中断有关的控制位共两位：

· TI：串行口中断请求标志位。当发送完一帧串行数据后，由硬件中断置 1，在转向中断服务程序后，用软件清 0。

· RI：串行口接收中断请求标志位。当接收完一帧串行数据后，由硬件中断置 1，在转向中断服务程序后，用软件清 0。

串行中断请求由 TI 和 RI 的逻辑或得到，即无论是发送标志还是接收标志都会产生串行中断请求。8051 单片机中断系统示意图如图 6.3 所示。

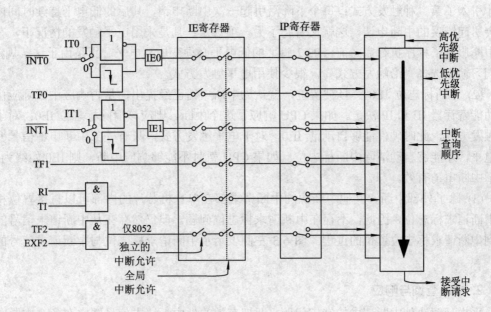

图 6.3　8051 单片机中断系统示意图

6.2.3　中断响应过程

中断响应就是 CPU 对某一中断源所提出的中断请求的响应。中断请求被 CPU 响应后，再经过一系列的操作才转向中断服务程序，完成中断所要求的处理任务。对 8051 的整个中断响应过程就以下几个方面进行说明。

1. 外部中断请求的采样

中断响应过程的第一步是中断请求采样。所谓中断请求采样，就是如何识别外部中断请求信号，并把它锁定在定时器控制寄存器(TCON)的相应标志位中，只有外部中断源才有采样问题。

8051 单片机的每个机器周期的 S5P2(第 5 状态第 2 节拍)对外部中断请求引脚(P3.2 和 P3.3)进行采样。如果有中断请求，则把 IE0 或 IE1 置位。

外部中断 0($\overline{INT0}$)和外部中断 1($\overline{INT1}$)是两套相同的中断系统，只是使用的引脚和特殊功能寄存器中的控制位不同。了解 $\overline{INT0}$ 的工作原理，就可理解 $\overline{INT1}$ 的工作原理。

外部中断 0 使用了引脚 P3.2 的第二功能。只要该引脚上得到了从外设送来的"适当信号"，就可以导致标志位 IE0 硬件置位。其过程如下：

(1) 外部中断的触发方式选择。什么是外设的"适当信号"呢？首先要看特殊功能寄存器中的一位 TCON.0 位，它被称为外部中断 0 的触发方式控制位 IT0。当预置 IT0＝0 时，被称为电平触发方式，即 P3.2 脚上的低电平可以向 CPU 申请中断。而当 IT0＝1 时，P3.2 上每一个下降沿都触发一次中断。这就是两种触发方式的选择。为什么又增加了一种沿触发方式呢？因为使用电平触发方式时，如果 P3.2 脚上申请中断的低电平持续时间很长，在执行完一遍中断服务子程序之后，该低电平仍未撤销，那么还会引起下一次中断申请，甚至若干次中断申请，直至 P3.2 脚上的电平变高时为止。这种情况下可能产生操作错误，所以才引入了第二种触发方式：每个下降沿引起一次中断申请，其后的低电平持续时间内不再会引起错误的中断申请。这就又引起了另一项规定：凡是采用电平触发的情况下，在这次中断服务子程序执行完之前，P3.2 脚上的低电平必须变成高电平。正是由于这条规定，人们习惯于选择"沿触发方式"，很少使用电平触发方式。

(2) 中断标志位 IE0 一旦被置位，就认为中断申请已经提出，是否响应中断则应由特殊功能寄存器 IE 和 IP 决定。如果 CPU 响应了这个中断，则应该清除标志位 IE0；对于边沿触发方式，此时硬件能够自动清 IE0，对于电平触发方式，只有外部中断申请信号变成高电平，才能够自动清除中断标志位。如果 CPU 暂时不能够响应中断，则 IE0 始终为 1，表示中断申请有效。

(3) 除了外部中断，其他中断源的中断请求都在单片机芯片的内部可以直接置位相应的中断请求标志位，因此，不存在中断请求标志位问题。但仍然存在从中断请求信号的产生到中断请求标志位置位的过程。图 6.3 左侧表示了中断请求标志位与中断请求信号的关系。

2. 中断查询与响应

采样是解决外中断请求的锁定问题，即把有效的外中断请求信号锁定在各个中断请求标志位中。余下的问题就是 CPU 如何知道中断请求的发生，CPU 是通过对中断请求标志位的查询来确定中断的产生，一般把这个查询叫作中断查询。因此，8051 单片机在每一个机器周期的最后一个状态(S6)，按前述的优先级顺序对中断请求标志位进行查询。如果查询到标志位为 1，则表明有中断请求产生，因此，就在紧跟着的下一个机器周期的 S1 状态进行中断响应。

中断响应过程如下：

(1) 由硬件自动生成一个长调用指令 LCALL addr16。这里的地址就是中断程序入口地址，详见表 6.1。

(2) 生成了 LCALL 指令后，CPU 执行该指令，首先将程序计数器 PC 当前的内容压入堆栈，称为保护断点。

(3) 再将中断入口地址装入 PC，使程序执行，于是转向相应的中断入口地址。但各个中断入口地址只相差 8 个字节单元，多数情况下难以存放一个完整的中断服务程序。因此，一般是在这个中断入口地址处存放一条无条件转移指令(LJMP addr16)，使程序转移到 addr16 处，在这里执行中断服务程序。

然而，如果存在下列情况，中断请求不予响应：

(1) CPU 正处一个同级的或更高级的中断服务中。

(2) 当前指令是中断返回指令(RETI)或子程序返回指令(RET)，或访问 IE、IP 的指令。这些指令规定：执行完这些指令后，必须接着执行一条后面的指令才能够响应中断请求。

3. 中断响应时间

所谓中断响应时间，是指从查询中断请求标志位到转向中断入口地址的时间。8051 单片机的最短响应时间为 3 个机器周期。其中一个机器周期用于查询中断请求标志位，而这个机器周期恰好是指令的最后一个机器周期，在这个机器周期结束后，中断请求即被响应，产生 LCALL 指令，而执行这条长调用指令需要 2 个机器周期，所以总共需要 3 个机器周期。但有时，中断响应时间长达 8 个机器周期，例如在中断查询时，正好是开始执行 RET、RETI 或访问 IE、IP 指令，则需把当前指令执行完再继续执行一条指令，才能进行中断响应。执行 RET、RETI 等指令最长需要 2 个机器周期，但后面跟着的指令假如是乘、除指令(MUL、DIV)，则又需要 4 个机器周期，从而形成了 8 个机器周期的最长响应时间。

一般情况下，中断响应时间在 3～8 个机器周期之间。通常用户不必考虑中断响应时间，只有在精确定时的应用场合才需要中断响应时间，以保证精确的定时控制。

4. 中断请求的撤除

一旦中断响应，中断请求标志位就应该及时撤除，否则就意味着中断请求继续存在，会引起中断的混乱。下面按中断类型说明中断请求如何撤除。

(1) 对于定时器中断请求，由硬件自动撤除。定时器中断被响应后，硬件自动把对应的中断请求标志位(TF0、TF1)清 0，因此，其中断请求是自动撤除的。

(2) 对于外部中断请求，有自动撤除与强制撤除两种方式。

对于边沿触发方式的外部中断请求，一旦响应后通过硬件自动把中断请求标志位(IE1 或 IE0)清除，即中断请求的标志位也是自动撤除的。

对于电平触发方式，仅靠清除中断标志位并不能解决中断请求的撤除问题，因为这时中断标志位虽然撤除了，但中断请求的有效低电平仍然存在，在以后的中断请求采样时又使 IE0 或 IE1 重新置 1，为此想要彻底解决中断请求的撤除，还必须在中断响应后强制地把中断请求输入引脚从低电平改为高电平。为此，可加入图 6.4 所示的电路，用 D 触发器锁存外来的中断请求低电平信号，并通过触发器的输出端 Q 送给引脚 $\overline{INT0}$ 或 $\overline{INT1}$。中断响应后，为撤除中断请求，利用 D 触发器的直接置位端 SD 把 Q 强行置为高电平。所以，在 P1.0 口线输出一个负脉冲就可以使 D 触发器置 1，从而撤除了低电平的中断请求。

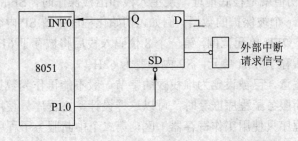

图 6.4　电平触发方式下的外中断请求的撤除电路

负脉冲指令如下：

ORL　P1, #01H　　　　　　；　P1.0 输出高电平

ANL　P1,#0FEH　　　　　　；　P1.0 输出低电平

可见，在电平触发方式下，外中断请求的真正撤除是在中断响应后转入中断服务程序，通过软件方法实现的。由于增加了附加电路，这种电平触发方式很少应用，用户都愿意使用边沿触发的外部中断方式。

(3) 对于串行中断请求，采用软件撤除。串行中断的标志位是 TI 和 RI，但对这两个标志位不是自动清 0，因为在中断响应后，还需要测试这两个标志位的状态，以判定是发送还是接收操作，然后才能撤除。串行中断请求的撤除也采用软件撤除方法，在中断服务程序中进行。

5. 中断服务程序的编写要点及断点的数据保护

首先，再次强调必须记住各中断源的中断入口地址。8051 单片机规定，单片机复位入口地址是 0000H，用户一般在复位地址处编写一条长转移指令 LJMP addr16，从这个地址执行主程序，一旦有中断请求，就会响应中断，然后转入中断入口地址。

1) 断点数据保护问题的提出和保护方法

在用户编写中断服务程序时，首先应该进行断点的数据保护。

设在当前执行的主程序中使用了 ACC、R0 和 R1 等寄存器。若某时刻发生了中断响应，则立即转向中断服务子程序，如果这个子程序也使用了 ACC、R0 和 R1 三个寄存器，很明显，这三个寄存器在原来主程序中的内容将被冲掉。待到中断服务子程序执行完之后，虽然可以返回程序断点，但是由于三个寄存器的数据丢失，必然铸成错误。所以，每当发生一次中断，都要考虑程序中断点数据的保护问题，或者说每一个中断服务子程序的一开始就要考虑数据入栈问题。

使用堆栈保护断点数据的方法是：在中断服务子程序的一开始，就把所需要保护的单元按用户指定的顺序，使用 PUSH 指令逐一连续压入堆栈。在中断服务子程序的最后，再用 POP 指令把堆栈的内容按先进后出的原则弹出到相应的寄存器单元中。应该注意的两点是：第一，入栈和出栈顺序要相反；第二，因为硬件自身有入栈操作，所以在中断服务子程序的最后，数据出栈数目要与入栈数目完全相同，否则会造成硬件自动出栈的地址错误。

堆栈是为了保护断点数据而在单片机内专门设定的一个 RAM 区。堆栈的深浅可以由用户编程决定，特殊功能寄存器 SP 被称为堆栈指针。SP 的内容是堆栈区的一个 8 位地址，在初始化时，SP 的初值就是栈底地址，发生入栈和出栈操作时，SP 的内容都会增 1 或者减 1，总是指向栈顶一个被保护的数据。例如，初始化程序中置 SP 内容为 60H，表示堆栈区被用户设置在 61～7FH 单元范围，第一个 8 位码入栈后将被存于 61H 单元，SP 为 61H；第二个 8 位码入栈后存于 62H 单元，SP 内容变为 62H。

使用堆栈时要注意，已被设定为堆栈区的字节一般不能再作为数据缓冲区使用。

在发生两个中断服务子程序嵌套时，可以这样设计，主程序只使用工作寄存器 0 区，第一个中断服务子程序只使用工作寄存器 1 区，第二个中断服务子程序只使用 2 区。这样减少了堆栈操作，避免了数据入栈时可能产生的编程错误。

2) 中断响应全过程

以上介绍了中断系统的几个环节，作为总结，以下按中断过程的几个步骤说明如何掌握中断的设计。

(1) 在初始化程序中，要对几个特殊功能寄存器赋给初值，以便做好中断的准备工作。例如，清除中断标志位、置外部中断触发方式、开中断、决定优先级等。中断的初始化工作主要在于选择所用的特殊功能寄存器的初值。

(2) 每当产生激活每个中断源的物理条件时，该中断源就会通过硬件置相应的中断申请标志位为 1，表示已经提出了中断申请。虽然这个中断申请可能不被立即响应，但这个申请总是有效的，直至它被清零时为止。

从上电复位开始，每个机器周期内 CPU 都会对六个中断标志位查询一遍是否有置位者，如果发现有中断申请提出，但不能立即响应该中断，那么本次查询无效，待下一个机器周期重新自动查询，这就是说，标志位的状态可以保存，但是自动查询的结果却不被保存。

(3) 当 CPU 查询到一个或几个中断申请已经提出时，只有同时满足如下 4 个条件时，才能在下一个机器周期开始响应其中一个申请：

① 中断申请中有未被禁止者(已开中断)。

② CPU 当前并未执行任何中断服务子程序，或者正在执行的中断服务子程序的优先级比申请者要低时。

③ 当前机器周期恰是当前执行的指令的最后一个机器周期。

④ 当前正在执行的指令并不是下述四种指令之一：子程序返回指令 RET 或 RETI，或者对于 IE、IP 的两种写操作指令。若恰是这四种指令之一，则必须执行完这一条指令，再执行完下一条指令之后，才会响应新的中断申请。

上述 4 条中有一条不满足就不会立即响应中断申请。当有若干申请同时存在时，CPU将按优先级和优先权的顺序择高响应。一个中断请求标志位被置位以后，在它未被响应之前，如果用软件清零此标志位，则视该次申请被正常撤销，不会引起中断系统的混乱。

(4) 响应一个中断之后，CPU 有三个自动操作：第一，保护程序计数器 PC 中的 16 位断点地址；第二，把相应的中断入口地址自动送入 PC，这就相当于执行了一条长调用指令而转入中断服务子程序；第三，将该次申请的标志位用硬件自动清除，但是电平触发方式的外部中断标志位和串行口中断标志位不能被硬件清零，而后者必须在中断服务子程序中予以软件清零。

在中断服务子程序的一开始，除了要决定是否有清除中断申请标志之外，还要做两个工作：一是决定是否允许中断嵌套而重新给中断允许寄存器 IE 赋值；二是入栈保护断点数据。从建立中断申请标志位到执行第一条中断服务子程序的指令，一般要经过 3～8 个机器周期。依不同情况有别。

(5) 当一个中断服务子程序正在执行过程中，又有另一个不允许嵌套的中断提出申请时，只能在第一个中断服务子程序执行完之后，返回原断点再执行一条指令，才会形成第二个断点，转而开始第二个中断服务子程序的执行。

(6) 中断服务子程序的最后，软件设计人员应该掌握三点：第一，决定断点数据出栈问题；第二，决定再开哪个中断或再关哪些中断；第三，中断服务子程序的最后一条指令必须是中断返回指令 RETI。

CPU 最后遇到 RETI 指令时，首先通过硬件自动恢复 PC 的断点地址，然后 CPU 从断点处继续原来程序的执行。

【例 6-1】 利用中断方式设计一个空调控温系统，要求空调温度保持在(20 ± 1)℃。

解 假设本例的硬件连接如图 6.5(a)所示，空调的开关线圈和 P1.7 相连，即：P1.7 = 1 对应线圈接通(空调打开)；P1.7 = 0 对应线圈断开(空调关闭)。温度传感器连接在 $\overline{\text{INT0}}$ 和 $\overline{\text{INT1}}$，分别提供 $\overline{\text{HOT}}$ (加热)和 $\overline{\text{COLD}}$ (制冷)信号，即：若 $T>21$℃，则 $\overline{\text{HOT}} = 0$；若 $T<19$℃，则 $\overline{\text{COLD}} = 0$。

程序应该在 $T<19$℃时启动空调加热装置，在 $T>21$℃时停止空调加热装置。该系统时序图如图 6.5(b)所示。

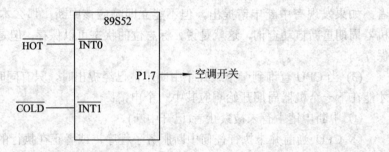

(a) 硬件连接

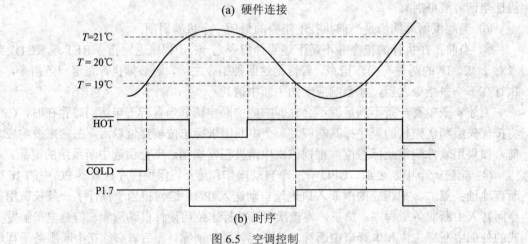

(b) 时序

图 6.5 空调控制

程序代码如下：

```
        ORG   0000H
        LJMP  MAIN
        ; EXT 0 vector at 0003H
EX0ISR: CLR   P1.7        ；空调关闭
        RETI
        ORG   0013H
EX1ISR: SETB  P1.7        ；空调打开
        RETI
        ORG   30H
```

```
    MAIN:   MOV   IE, #85H      ; 产生外部中断
            SETB  IT0           ; 下降沿触发
            SETB  IT1
            SETB  P1.7          ; 空调打开
            JB    P3.2, SKIP    ; 如果 T > 21℃
            CLR   P1.7          ; 空调关闭
    SKIP:   SJMP  $             ; 无操作
            END
```

主函数的前 3 条指令开放外部中断，并将 $\overline{INT0}$ 和 $\overline{INT1}$ 都设为下降沿触发方式。由于当前的 $\overline{HOT}$ (P3.2)和 $\overline{COLD}$ (P3.3)的输入状态未知，所以接下来的 3 条指令需要合理地确定是应该打开还是关闭空调。首先，打开空调(SETB P1.7)，然后采样 $\overline{HOT}$ 信号(JB P3.2, SKIP)，如果 $\overline{HOT}$ 为高，表示 $T < 21℃$，所以下一条指令被跳过继续保持加热状态。如果 $\overline{HOT}$ 为低，表示 $T > 21℃$，不再跳过而是执行下一条指令，关闭空调加热装置(CLR P1.7)，进入原地循环状态，等待中断发生。

一旦主程序完成了合理的设置，之后就无需再做什么了。每次当温度超过 21℃或低于 19℃时，就会产生相应的中断，中断服务程序会合理地打开(SETB P1.7)或关闭空调(CLR P1.7)，然后返回主程序。

注意，本例中，在标号 EX0ISR 之前无需再添加"ORG 0003H"指令，因为"LJMP MAIN"指令的长度为 3 字节，所以 EX0ISR 标号的地址为 0003H，恰好是外部中断 0 的入口地址。

6.3　实　践　报　告

请利用本章所学知识，并结合前面章节的内容，利用中断的方式让跑马灯换个方向，编译源程序并下载至开发板调试，正确无误后撰写实践报告。

第 7 章　蜂鸣器系统设计与实践

7.1　蜂鸣器发声电路

可以通过编写程序使单片机产生一定频率的方波信号，方波信号进入蜂鸣器便产生我们熟知的音调。

1. 什么是蜂鸣器

蜂鸣器是一种一体化结构的电子讯响器，主要分为压电式蜂鸣器和电磁式蜂鸣器两种类型，广泛应用于计算机、打印机、复印机、报警器、电话机等电子产品中用作发声器件。

单片机中使用的蜂鸣器一般都是无源电磁式蜂鸣器。它由振荡器、电磁线圈、磁铁、振动膜片及外壳等组成。接通电源后，振荡器产生的音频信号电流通过电磁线圈，使电磁线圈产生磁场，振动膜片在电磁线圈和磁铁的相互作用下，周期性地振动发声。

2. 蜂鸣器如何发声

蜂鸣器发声原理是电流通过电磁线圈，使电磁线圈产生磁场来驱动振动膜发声的，因此需要一定的电流才能驱动它。单片机 I/O 引脚输出的电流较小，单片机输出的 TTL 电平基本上驱动不了蜂鸣器，因此需要增加一个电流放大的电路。

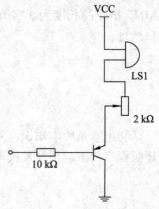

图 7.1　蜂鸣器发声电路

如图 7.1 所示，蜂鸣器发声电路是播放音乐电路的主要执行电路，它由一个蜂鸣器、一个三极管和一个电位器组成。蜂鸣器负责发声，三极管将电流放大，电位器则控制流过蜂鸣器电流的大小，从而达到控制音量的目的。

7.2　发声原理

我们利用延时子程序来表示节拍，不同的节拍代表不同的延时，这样蜂鸣器就可以发出声音了。可是如何让蜂鸣器发出动人的乐曲呢？这就需要利用方波在一定周期内反复翻转，达到所需频率。程序中出现大量的延时程序会降低程序的执行效率，因为它们占用了大量运行时间，且延时时间不易精确确定，故采用专门的器件解决时间问题。定时器/计数器就是这样的器件。

7.2.1　定时器/计数器概述

　　定时器/计数器是单片机系统中的重要部件,其工作方式灵活、编程简单、使用方便,可用来实现定时控制、延时、频率测量、脉宽测量、信号发生、信号检测等。此外,定时器/计数器还可作为串行通信中的波特率发生器。

　　8051 内部提供两个 16 位的定时器/计数器 T0 和 T1,它们既可以用作硬件定时,也可以对外部脉冲计数。

　　以定时方式工作时,每个机器周期使计数器加 1,由于一个机器周期等于 12 个振荡脉冲周期,因此如果单片机采用 12 MHz 晶振,则计数频率为 12 MHz/12＝1 MHz,即每微秒计数器加 1。这样就可以根据计数器中设置的初值计算出定时时间。

　　所谓计数功能,是指对外部脉冲进行计数。外部事件的发生以输入脉冲下降沿有效,从单片机芯片 T0(P3.4)和 T1(P3.5)两个引脚输入,最高计数脉冲频率为晶振频率的 1/24。

7.2.2　定时器/计数器基本结构

　　定时器/计数器的基本结构如图 7.2 所示。T0 由 TH0 和 TL0 两个 8 位二进制加法计数器组成 16 位二进制加法计数器;T1 由 TH1 和 TL1 两个 8 位二进制加法计数器组成 16 位二进制加法计数器。

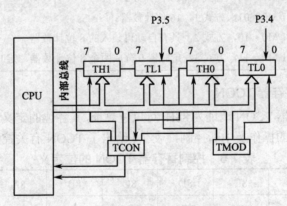

图 7.2　定时器/计数器基本结构

定时器/计数器的区别:

　　(1) 用作定时器,输入时钟由 CPU 内部提供,对机器周期计数。$f=(1/12)f_{soc}=1$ MHz,所以 $T=1$ μs(注:$f_{soc}=12$ MHz)。

　　(2) 用作计数器,对外部脉冲信号下降沿计数。外部输入引脚 P3.4、P3.5 发生负跳变时计数一次。

7.2.3　定时器/计数器控制寄存器

1. 定时器工作方式控制寄存器 TMOD

定时器工作方式控制寄存器地址为 89H,不可位寻址,其各位的定义如表 7.1 所示。

TMOD 寄存器中高 4 位定义 T1，低 4 位定义 T0。其中 M1、M0 用来确定所选工作方式，如表 7.2 所示。

表 7.1　工作方式控制寄存器 TMOD 的位定义

位　序	B7	B6	B5	B4	B3	B2	B1	B0
位符号	GATE	C/$\overline{T}$	M1	M0	GATE	C/$\overline{T}$	M1	M0

定时/计数器 T1　　　　　　　　定时/计数器 T0

表 7.2　TMOD 控制位功能

符　号	功　能　说　明
GATE	门控位。 GATE = 0，用运行控制位 TR0(TR1)启动定时器。 GATE = 1，用外中断请求信号输入端(INT1 或 INT0)和 TR0(TR1)共同启动定时器
C/$\overline{T}$	定时方式或计数方式选择位。 C/$\overline{T}$ = 0，定时工作方式。 C/$\overline{T}$ = 1，计数工作方式
M1、M0	工作方式选择位。 M1 M0 = 00，方式 0，13 位计数器。 M1 M0 = 01，方式 1，16 位计数器。 M1 M0 = 10，方式 2，具有自动再装入的 8 位计数器。 M1 M0 = 11，方式 3，定时器 0 分成两个 8 位计数器，定时器 1 停止计数

2. 定时器控制寄存器 TCON

定时器控制寄存器 TCON 地址为 88H，可以位寻址，其各位的定义如表 7.3 所示。TCON 主要用于控制定时器的操作及中断控制，表 7.4 给出了 TCON 有关控制位功能。

表 7.3　控制寄存器 TCON 的位定义

位地址	8F	8E	8D	8C	8B	8A	89	88
位符号	TF1	TR1	TF0	TR0	IE1	IT1	IE0	IT0

表 7.4　TCON 有关控制位功能

符　号	功　能　说　明
TF1	计数/计时 1 溢出标志位。计数/计时 1 溢出(计满)时，该位置 1。在中断方式时，此位作中断标志位，在转向中断服务程序时由硬件自动清 0。在查询方式时，也可以由程序查询和清 0
TR1	定时器/计数器 1 运行控制位。 TR1 = 0，停止定时器/计数器 1 工作。 TR1 = 1，启动定时器/计数器 1 工作。 该位由软件置位和复位

符　号	功　能　说　明
TF0	计数/计时 0 溢出标志位。计数/计时 0 溢出(计满)时，该位置 1。在中断方式时，此位作中断标志位，在转向中断服务程序时由硬件自动清 0。在查询方式时，也可以由程序查询和清 0
TR0	定时器/计数器 0 运行控制位。 TR0=0，停止定时器/计数器 0 工作。 TR0=1，启动定时器/计数器 0 工作。 该位由软件置位和复位

注意：系统复位时，TMOD 和 TCON 寄存器的每一位都清 0。

7.2.4　工作方式

8051 单片机内部两个定时器/计数器有两种工作模式：定时器模式和计数器模式。

定时器模式：对内部机器周期计数，定时长度为计数值乘以机器周期 T。

$$T_{\text{timer}} = 计数值 \times T = 计数值 \times \frac{12}{f_{\text{osc}}}$$

计数器模式：对外部脉冲信号周期计数，信号由 T0 或 T1 引脚引入，下降沿计数。即 CPU 对外部信号在两个机器周期采样值分别为 1 和 0，则计数器加 1。因此计数器最高计数频率为 $f_{\text{osc}}/24$，即

$$F_{\text{c max}} = \frac{f_{\text{osc}}}{24}$$

8051 的定时器/计数器共有四种工作方式。工作在方式 0、方式 1 和方式 2 时，T0 和 T1 的工作原理完全一样，现以 T0 为例介绍前三种工作方式。

1. 方式 0(M1M0＝00)：13 位定时器/计数器

方式 0 是 13 位定时器/计数器结构的工作方式。图 7.3 是 T0 在方式 0 时的逻辑电路结构，T1 的结构和操作与 T0 完全相同。

方式 0 的特点：

- 计数范围：$1 \sim 2^{13}$。
- 计数计算公式：计数值＝2^{13}－计数初值。
- 定时计算公式：定时时间＝$(2^{13}$－计数初值$) \times$ 机器周期。
- 如果晶振频率为 6 MHz，则最大定时时间为

$$2^{13} \times \frac{1}{6} \times 12 = 2^{14} \ (\mu s)$$

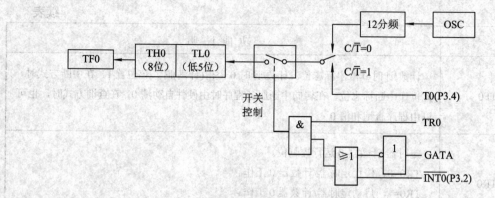

图 7.3　方式 0 内部逻辑结构图

【例 7-1】 设单片机晶振频率为 6 MHz，使用 T1 以工作方式 0 产生周期为 500 μs 的正方波(见图 7.4)，并由 P1.0 输出，计算计数初始值。

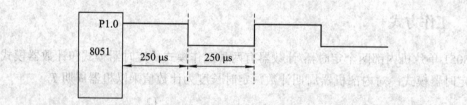

图 7.4　例 7-1 示意图

解　设计数初始值为 X，则有

$$(2^{13} - X) \times \frac{12}{6} = 250$$

解得 $X = 8067\text{D} = 1\text{F}83\text{H}$，则有 TH1 = 0FCH，TL1 = 03H。

2. 方式 1(M1M0 = 01)：16 位定时器/计数器

方式 1 和方式 0 的差别在于一个 16 位的计数结构，也就是说，定时器/计数器 T0(T1) 是由 TH0(TH1) 的全部 8 位和 TL0(TL1) 的全部 8 位构成。其他方面诸如定时器/计数器的设置、使用方法等与方式 0 完全相同。方式 1 的内部逻辑结构如图 7.5 所示。

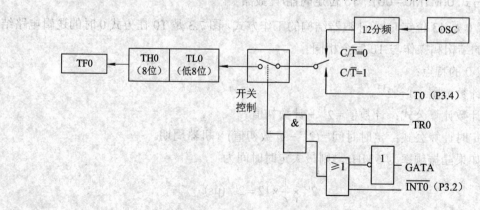

图 7.5　方式 1 内部逻辑结构图

方式 1 的特点：
- 计数范围：$1\sim2^{16}$。
- 计数计算公式：计数值 $=2^{16}-$ 计数初值。
- 定时计算公式：定时时间 $=(2^{16}-$ 计数初值$)\times$ 机器周期。
- 如果晶振频率为 6 MHz，则最大定时时间为

$$2^{16}\times\frac{1}{6}\times12=2^{17}\ (\mu s)$$

3. 方式 2(M1M0 = 10)：自动重置的 8 位定时器/计数器

工作方式 0、方式 1 计数器具有共同的特点，即计数器发生溢出现象后，自动处于 0 状态，因此如果要实现循环计数或定时，就需要程序不断反复给计数器赋初值，这就影响了计数或定时的精度，并增加了程序设计的复杂程度。

针对这个问题，设计了具有初值自动重新加载功能的工作方式 2。

工作方式 2 的逻辑结构如图 7.6 所示。

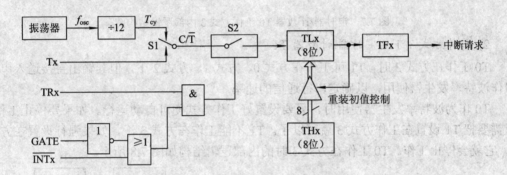

图 7.6　方式 2 内部逻辑结构图

方式 2 采用两个 8 位计数器，TL0 作计数器，TH0 作预置寄存器使用，计数溢出时，TH0 中的计数初值自动装入 TL0。在使用时，要把计数初值同时装入 TL0 和 TH0 中。这种工作方式提高了定时精度，减少了程序的复杂程度。

方式 2 的特点：
- 计数范围：$1\sim2^{8}$。
- 计数计算公式：计数值 $=2^{8}-$ 计数初值。
- 定时范围：$1\sim2^{8}$ 机器周期。
- 定时计算公式：定时时间 $=(2^{8}-$ 计数初值$)\times$ 机器周期。

4. 方式 3(M1M0 = 11)

只有 T0 可以工作在方式 3 下。

1) 工作方式 3 下的定时器/计数器 T0

在方式 3 下，T0 被拆为两个独立的 8 位计数器 TL0 和 TH0。其中 TL0 既可以用作计数器，又可以用作定时器，享用 T0 的运行控制位 TR0 和溢出标志位 TF0。对于 TH0，只能作定时器使用，使用 T1 的运行控制位 TR1 和溢出标志位 TF1。方式 3 的内部逻辑结构如图 7.7 所示。

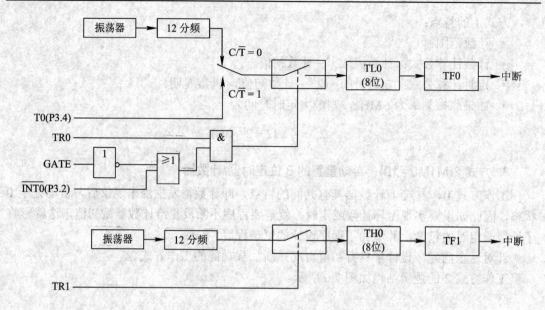

图 7.7 定时器/计数器 T0 工作方式 3 内部逻辑结构图

2) 工作方式 3 下的定时器/计数器 T1

T0 工作在方式 3 时，T1 可工作在方式 0、方式 1、方式 2 下，但其输出直接送入串行口作波特率发生器使用，以确定串行通信的速率。

T0 作为波特率发生器使用时，只要设置好工作方式便可自动运行。如果要停止工作，只需要把 T1 设置在工作方式 3 就可以了。T1 不能工作在方式 3 下，如果强行设置在方式 3，它就会停止工作。T0 工作在方式 3 时的内部逻辑结构如图 7.8 所示。

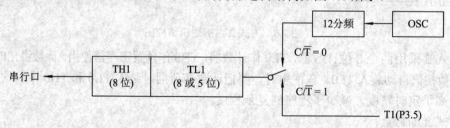

(a) T1 工作在方式 1 或方式 0

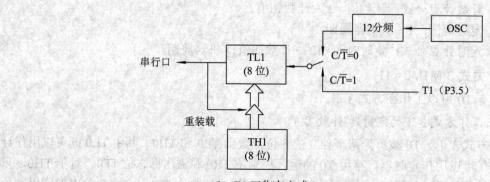

(b) T1 工作在方式 2

图 7.8 工作方式 3 下定时器/计数器的使用

7.2.5　定时器/计数器的应用

1. 初始化步骤

定时器/计数器是一种可编程部件，在使用定时器/计数器前，一般都要对其进行初始化，以确定其以特定的功能工作。

初始化步骤如下：

(1) 确定工作方式，确定方式控制字，并写入 TMOD。

(2) 预置定时或计数初值，写入 TH0、TL0 或 TH1、TL1。

(3) 根据需要开启(关闭)定时器/计数器中断，给 IE 中的相关位赋值。

(4) 启动定时器/计数器，将 TCON 中的 TR1 或 TR0 置 1。

2. 定时初值或计数初值的计算方法

不同工作方式的定时初值或计数初值的计算方法如表 7.5 所示。

表 7.5　不同工作方式的初值计算方法

工作方式	计数位数	最大计数值	最大定时时间	定时初值计算公式	计数初值计算公式
方式 0	13	$2^{13}=8192$	$2^{13} \times T_{机}$	$X=2^{13}-T/T_{机}$	$X=2^{13}-$ 计数值
方式 1	16	$2^{16}=65\,536$	$2^{16} \times T_{机}$	$X=2^{16}-T/T_{机}$	$X=2^{16}-$ 计数值
方式 2	8	$2^8=256$	$2^8 \times T_{机}$	$X=2^8-T/T_{机}$	$X=2^8-$ 计数值

表中 T 表示定时时间，$T_{机}$ 表示机器周期。

初始值的确定：

$$T_{定} = (M - X) \times 12/f_{osc}$$

定时时间　模值(最大值)　初始值　12/晶振频率

不同工作方式下 M 的值为

方式 0：$M=2^{13}(8192)$。

方式 1：$M=2^{16}(65\,536)$。

方式 2、3：$M=2^8(256)$。

3. 对输入信号的要求

当 80C51 内部的定时器/计数器被选定为定时器工作模式时，计数输入信号是内部时钟脉冲，每个机器周期产生一个脉冲位，计数器增 1，因此定时器/计数器的输入脉冲的周期与机器周期一样，输入脉冲的频率为时钟振荡频率的 1/12。当采用 12 MHz 频率的晶体时，输入脉冲的周期间隔为 1 μs。由于定时的精度决定于输入脉冲的周期，因此当需要高分辨率的定时时，应尽量选用频率较高的晶振(80C51 最高为 40 MHz)。

当定时器/计数器用作计数器时，计数脉冲来自外部输入引脚 T0 或 T1。当输入信号产生由 1 至 0 的跳变(即负跳变)时，计数器的值增 1。每个机器周期的 S_5P_2 期间，对外部输入进行采样。确认一次下跳变需要花 2 个机器周期，即 24 个振荡周期，为确保输入信号电平变化前能被采样，高低电平均至少要保持一个机器周期。

4. 利用定时器/计数器扩展外部中断

选择定时器/计数器 T0、T1 以计数器方式工作时，对外部 T0、T1 引脚信号的下降沿计数。利用该特性，设置计数初始值为满量程值，借用 T0、T1 作为外部中断请求输入信号，下降沿触发计数，产生计数溢出中断。例如将定时器 T0 作为外部中断源，设定工作方式 2，初始化程序如下：

```
MOV    TMOD, #06H
MOV    TH0, #0FFH
MOV    TL0, #0FFH
SETB   EA
SETB   ET0
SETB   TR0
```

【例 7-2】 设方式 0 工作时，定时时间为 1 ms，时钟振荡频率为 6 MHz，则初值为多少？

解　设计数初值为 X，则有

$$(2^{13} - X) \times \frac{12}{6} = 1\,\text{ms} = 1000\,\mu\text{s}$$

解得

$$X = 2^{13} - 500 = 7692 = 1\text{E0CH}$$

则执行指令：

```
MOV   TL0, #0CH;        //低 5 位送 TL0 寄存器
MOV   TH0, #1EH;        //高 8 位送 TH0 寄存器
```

若时钟振荡频率为 12 MHz，则有

$$(2^{13} - X) \times \frac{12}{12} = 1\,\text{ms} = 1000\,\mu\text{s}$$

解得

$$X = 2^{13} - 1000 = 7192 = 1\text{C18H}$$

则执行指令：

```
MOV   TL0, #18H
MOV   TH0, #1CH
```

7.3　让单片机响起来

7.3.1　单片机发声原理概述

音乐由音符组成，不同的音符由相应频率的振动产生。通过控制定时器的定时时间

来产生不同频率的方波，驱动蜂鸣器发出不同音阶的声音，再利用延迟来控制发音时间的长短，即可控制音调中的节拍。产生不同的音频需要有不同固定周期的脉冲信号。要产生音频脉冲，只要算出某一音频的周期 $T(1/f)$，然后将此周期 T 除以 2，即为半周期的时间。把乐谱中的音符和相应的节拍变换为定时常数和延迟常数，作为数据表格存放在存储器中。由程序查表得到定时常数和延迟常数，分别用以控制定时和代表某一频率的声音。表 7.6 为乐谱中音符、简谱码、频率及定时常数之间的关系。

表 7.6　音符对应的简谱码、频率、定时常数

音　符	简谱码	频率/Hz	定时常数(T)
低 SOL	1	392	64 260
低 LA	2	440	64 400
低 SI	3	494	64 524
中 DO	4	523	64 580
中 RE	5	587	64 684
中 MI	6	659	64 777
中 FA	7	698	64 820
中 SOL	8	784	64 898
中 LA	9	880	64 968
中 SI	A	988	65 030
高 DO	B	1046	65 058
高 RE	C	1175	65 110
高 MI	D	1318	65 157
高 FA	E	1397	65 178
高 SOL	F	1568	65 217
不发音	0		

我们利用单片机的内部定时器 T0，使其工作在计数器模式 1 下，初始化适当的计数值 TH0 及 TL0 以对这个半周期计时。每当计时时间到后就将输出脉冲的 P1.0 口反相，然后重复对此半周期计时。再对 P1.0 口反相，就可在单片机 P1.0 引脚上得到此频率的脉冲。P1.0 引脚脉冲接 LM386 音频功放，然后通过音频功放电路把信号输出到扬声器，从而播出美妙的音乐。只要按下按钮，就会有音乐播出，等一首歌播放完毕后再次按下按钮，就会播放下一首音乐，如此循环，直到再次出现第一首音乐为止。本系统可以奏出三首不同旋律的歌曲。电路原理图如图 7.9 所示。

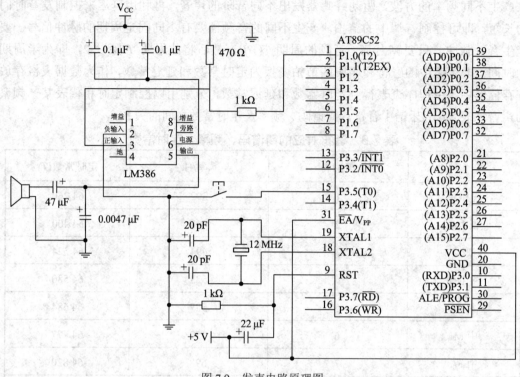

图 7.9　发声电路原理图

7.3.2　软件设计

系统初始化后，系统扫描按键(P3.5 口的电平)判断是否有键按下，有键按下时，根据按下键的次数，向音频字符码指针赋以不同歌曲的地址，通过定时器 T0 中断子程序使 P1.0 口输出相应频率的音频脉冲，以达到发声目的。程序流程图如图 7.10 所示。

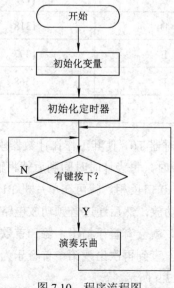

图 7.10　程序流程图

程序代码如下：

MAIN:

	ORG	00H	; 主程序的起始地址
	JMP	START	; 跳至主程序
	ORG	0BH	;TIMER0 中断起始地址
	LJMP	TIM0	; 跳至 TIMER0 中断子程序
START:	MOV	TMOD, #00000001B	; 设 TIMER0 在 MODE1
	MOV	IE, #10000010B	; 中断使能
	JB	P3.4, $	; 第一次按 T0?
	CALL	DELAY1	; 消除抖动
	JNB	P3.4, $	;T0 放开?
	MOV	31H, #00	; 按 T0 计数指针初始值为 00H

START0:

	MOV	30H, #LOW　SONG	; 取简谱码指针(第 1 首)
NEXT:	MOV	A, 30H	
	MOV	DPTR, # TABLE	
	MOVC	A, @A+DPTR	; 至相关页取码
	MOV	R2, A	; 低 4 位为音符的节拍
	JZ	END0	; 检查简谱码是否已结束(有无 00?)
	ANL	A, #0FH	; 取节拍(低 4 位)
	MOV	R5, A	; 存入 R5 节拍的时间
	MOV	A, R2	
	SWAP	A	
	ANL	A, #0FH	; 取音频值(高 4 位)
	JNZ	SING	; 是否为 0，是 0 则不发音
	CLR	TR0	
	JMP	D1	
SING:	DEC	A	; 因 0 不列入
	MOV	22H, A	; 存入(22H)
	RL	A	; 乘2
	MOV	DPTR, #TABLE	
	MOVC	A, @A+DPTR	; 至 TABLE 取码，取 T 的值
	MOV	TH0, A	; 取到的高位字节存入 TH0
	MOV	21H, A	; 取到的高位字节存入(21H)
	MOV	A, 22H	; 载入取到的音符码
	RL	A	; 乘2
	INC	A	; 加1
	MOVC	A, @A+DPTR	; 至 TABLE 取相对的低位字节计数值
	MOV	TL0, A	; 取到的低位字节存入 TL0

```
              MOV      20H, A              ; 取到的低位字节存入(20H)
              SETB     TR0                 ; 启动 TIMER0
D1:           CALL     DELAY
              INC      30H                 ; 取简谱码指针加 1
              JMP      NEXT
END0:  CLR          TR0                    ; 停止计数器
              MOV      A, 31H              ; 载入计数器指针
              XRL      A, #00H             ; 是否按第 1 次
              JNZ      END1                ; 不是则跳至 END1
              JB       P3.4, $             ; 按第 2 次?
              CALL     DELAY1              ; 消除抖动
              JNB      P3.4, $             ; 放开否?
              INC      31H                 ; 计次地址(31H)加 1
              MOV      30H, #LOW   SONG1   ; 第 2 首歌指针
              JMP      NEXT
END1:
              MOV      A, 31H              ; 载入计数器指针
              XRL      A, #01H             ; 是否按第 2 次
              JNZ      END2                ; 不是则跳至 END2
              JB       P3.4, $             ; 按第 3 次?
              CALL     DELAY1              ; 消除抖动
              JNB      P3.4, $             ; 放开否?
              INC      31H                 ; 计次地址(31H)加 1
              MOV      30H, #LOW   SONG2   ; 第 3 首歌指针
              JMP      NEXT
END2:
              JMP      START               ; 回到第 1 次位置

TIM0:  PUSH         ACC                    ; 将 A 的值暂存于堆栈
              PUSH     PSW                 ; 将 PSW 的值暂存于堆栈
              SETB     RS0                 ; 设工作寄存器库 1, RS0=1, RS1=0
              CLR      RS1
              MOV      TL0, 20H            ; 重设计数值
              MOV      TH0, 21H
              CPL      P1.0                ; 将 P1.0 位反相
              POP      PSW                 ; 至堆栈取回 PSW 的值
              POP      ACC                 ; 至堆栈取回 A 的值
              RETI                         ; 返回主程序
DELAY: MOV         R7, #02                ; 延时 125 ms
```

```
D2:      MOV     R4, #125
D3:      MOV     R3, #248
         DJNZ    R3, $
         DJNZ    R4, D3
         DJNZ    R7, D2
         DJNZ    R5, DELAY         ; 决定节拍
         RET
DELAY1:  MOV     R4, #20
D4:      MOV     R3, #248
         DJNZ    R3, $
         DJNZ    R4, D4
         RET
         ORG     300H
                                   ; 定时常数 T 值表
TABLE:
         DW      64260, 64400, 64524, 64580
         DW      64684, 64777, 64820, 64898
         DW      64968, 65030, 65058, 65110
         DW      65157, 65178, 65217
                                   ; 音符节拍码数据表


SONG:    ; 两只老虎
         ; 1
         DB      44H, 54H, 64H, 44H
         DB      44H, 54H, 64H, 44H
         DB      64H, 74H, 88H
         DB      64H, 74H, 88H
         ; 2
         DB      82H, 92H, 82H, 72H, 64H, 44H
         DB      82H, 92H, 82H, 72H, 64H, 44H
         DB      44H, 84H, 48H
         DB      44H, 14H, 48H
         DB      00H
SONG1:                   ; 三只小猫
         ; 1
         DB      62H, 82H, 82H, 62H, 98H
         DB      92H, 0B2H, 0B2H, 82H, 98H
         DB      62H, 82H, 82H, 52H, 68H
         DB      92H, 0B2H, 0B2H, 82H, 98H
```

```
                ; 2
                DB    62H, 82H, 82H, 62H, 92H, 92H, 94H
                DB    92H, 0B2H, 0B2H, 92H, 84H, 94H
                DB    0B8H, 0B4H, 04H
                DB    00H

SONG2:          ; 哈巴狗
                ; 1
                DB    42H, 42H, 42H, 52H, 64H, 04H
                DB    62H, 62H, 62H, 72H, 84H, 04H
                DB    92H, 92H, 82H, 72H, 64H, 04H
                DB    82H, 82H, 52H, 62H, 44H, 04H
                ; 2
                DB    42H, 42H, 42H, 52H, 64H, 04H
                DB    62H, 62H, 62H, 72H, 84H, 04H
                DB    92H, 92H, 82H, 72H, 64H, 04H
                DB    82H, 82H, 52H, 62H, 44H, 04H
                DB    00H
```

7.4　实践报告

利用实验板实现蜂鸣器演奏《卡农》，正确无误后撰写实践报告。

第8章 综合系统设计与实践

8.1 多源身份认证安防系统

本系统是将无线射频识别技术、声音识别技术与指纹识别技术相结合的身份认证安防系统。

1. 总体方案设计

以 STC12C5A16S2 单片机为主控器的多源身份认证控制系统由非特定人语音识别模块、指纹识别模块、射频识别 IC 卡感应模块、LCD12864 液晶显示模块和电源模块等组成。系统总体结构框图如图 8.1 所示。

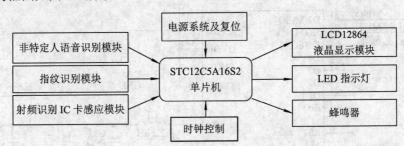

图 8.1 多源身份认证安防系统总体结构框图

2. 系统硬件设计

1) 语音识别模块

根据设计需求，选择 LD3320 作为系统语音识别模块，LD3320 有两个主要的特点：

(1) 采用非特定人语音识别技术，不需要用户提前录入语音信息，在进行身份认证时只要说出关键词语就可以。

(2) 具有可动态编辑的识别关键词语列表，关键词语以字符串的形式传送进芯片，即可作为识别模板。LD3320 语音识别模块电路连接原理图如图 8.2 所示。

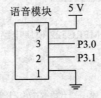

图 8.2 LD3320 语音识别模块电路连接原理图

2) 指纹识别模块

ATK-AS608 指纹识别模块的工作原理如下：

(1) 指纹特征：算法从获取的指纹图像中提取特征，指纹的存储、比对和搜索等都是通过操作指纹特征来完成。

(2) 指纹处理包括指纹登录和指纹匹配处理两个过程。

ATK-AS608 指纹识别模块连接电路原理图如图 8.3 所示。

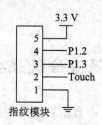

图 8.3　ATK-AS608 指纹识别模块电路连接原理图

3) 射频识别 IC 卡感应模块

射频识别 IC 卡感应模块选用 MFRC522，其内部包括 1 KB 高速 EEPROM、数字控制模块和一个高效率射频天线模块。MFRC522 模块电路原理图如图 8.4 所示。

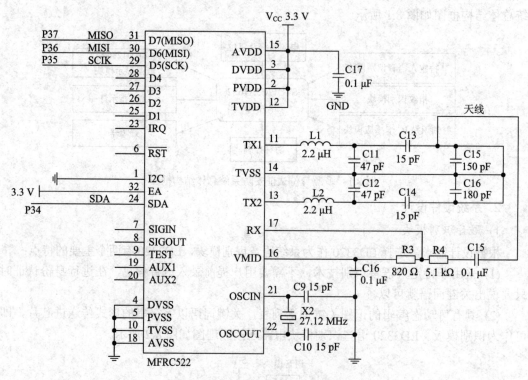

图 8.4　MFRC522 模块电路原理图

3. 系统软件设计

1) 系统主程序

先进行系统的初始化，包括液晶显示功能初始化和各个模块的初始化，然后按照被认证人选择的认证方式，执行语音识别、指纹识别或射频 IC 卡识别子程序，认证成功后 LED

绿灯点亮，否则 LED 红灯点亮。之后进入数据处理的过程，判断检测到的身份认证种类是否等于或超过两种，如果是则身份认证成功，否则身份认证失败。系统主程序流程图如图 8.5 所示。

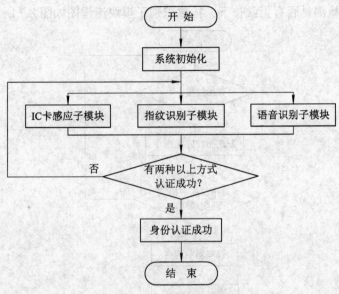

图 8.5　系统主程序流程图

2) 语音识别子模块

本模块采用口令模式，即在进行语音识别时须先说出一级口令，然后再说出二级口令，如果被认证人说错了一级口令或二级口令其中任意一项的特征词语，则语音识别身份认证就将失败。语音识别子模块流程图如图 8.6 所示。

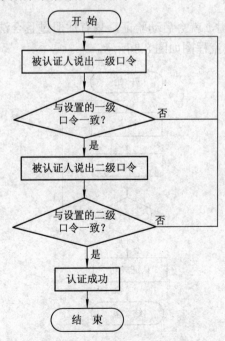

图 8.6　语音识别子模块流程图

3) 指纹识别子模块

首先检测是否有用户按下指纹,如有则系统给主控器送入一个指纹匹配指令与模块指纹库进行比对,蜂鸣器连续响两声,LED 绿灯点亮,身份认证成功;否则 LED 红灯点亮,认证失败,重新检测是否有指纹按下。指纹识别子模块流程图如图 8.7 所示。

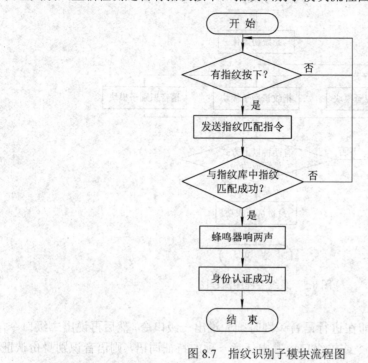

图 8.7　指纹识别子模块流程图

4) IC 卡感应子模块

如果卡片进入检测范围,就会启动验证,只有注册过且合法的 IC 卡才能通过认证。射频识别 IC 卡感应子模块流程图如图 8.8 所示。

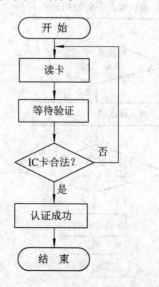

图 8.8　射频识别 IC 卡感应子模块流程图

8.2　智能垃圾桶控制器

随着社会不断地发展，人们从保护环境不乱丢垃圾，到对垃圾进行分类，生态环境保护意识逐步提升。现在，兼具实用性和美观性，可引导居民正确按分类投放垃圾的智能分类垃圾桶正在慢慢贴近我们的生活。

1. 总体方案设计

智能垃圾桶采用 51 单片机为主控制器，由步进电机模块、语音提示模块、人体红外感应模块、垃圾桶红外感应模块等组成。当垃圾桶通过红外感应模块检测到有人体靠近时，会自动打开桶盖，开始用语音提示什么类型的垃圾应该投入什么颜色的垃圾桶；当垃圾填满垃圾桶时会发出报警。本设计可以提升人们对垃圾分类的认识以及保护环境的意识，并使生活中进行垃圾分类更加智能化及便捷化，从而提高人们的生活质量。系统总体设计框图如图 8.9 所示。

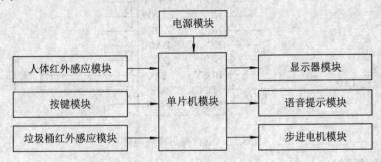

图 8.9　系统总体设计框图

2. 系统硬件设计

1) 人体红外感应电路设计

人体红外感应电路如图 8.10 所示。控制芯片 STC89C51 的 I/O 口 P1.1 与红外感应传感器的输入端连接，如果红外感应传感器检测到有人靠近，STC89C51 便会检测到这个信号，并对其进行读取和处理。

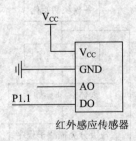

图 8.10　人体红外感应电路

2) 垃圾溢满电路设计

垃圾桶红外感应电路如图 8.11 所示，控制芯片 STC89C51 的 I/O 口 P3.7 与红外感应传感器的输入端连接，如果红外感应传感器检测到有垃圾存在，STC89C51 便会检测到这个信号，并对其进行读取和处理。

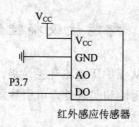

图 8.11　垃圾桶红外感应电路

3) 语音提示模块电路设计

语音提示模块采用 QJ008M01 语音芯片。该模块集成了 MP3 和 WMV 的硬解码。软件支持 Flash 驱动，直接从电脑 USB 下载进 Flash，类似 U 盘拷贝方式，使用的时候非常方便。该模块控制方式简单，声音大而体积小。语音提示模块电路如图 8.12 所示。

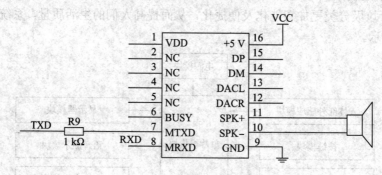

图 8.12　语音提示模块电路

3. 系统软件设计

1) 系统主程序设计

程序是一个系统的核心，系统主程序先进行各个模块的初始化，然后调用显示子程序、人体检测子程序、垃圾分类提醒子程序及垃圾溢满子程序。主程序流程如图 8.13 所示。

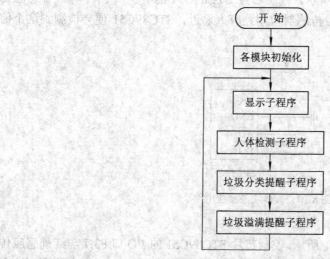

图 8.13　主程序流程图

2) 人体检测子程序设计

当有人靠近垃圾桶时，红外感应模块便会检测到，系统控制步进电机打开垃圾桶盖；如果没有感应到有人靠近，垃圾桶盖处于关闭状态。程序流程如图 8.14 所示。

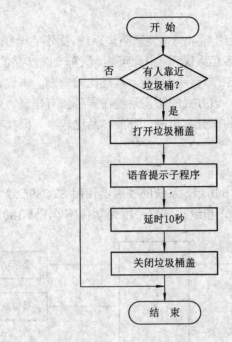

图 8.14　人体检测子程序流程图

3) 垃圾溢满提醒子程序设计

当红外传感器检测到垃圾桶内垃圾存满时，将存满的信息发送给单片机，单片机启动声光报警功能，蜂鸣器报警，LED 发光，提醒用户垃圾已满。垃圾溢满提醒子程序流程如图 8.15 所示。

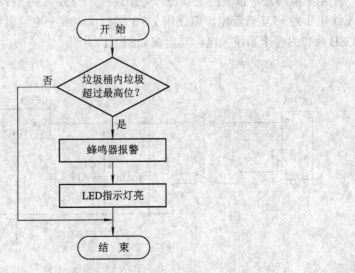

图 8.15　垃圾溢满提醒子程序流程图

8.3　基于指纹识别的汽车防盗系统

如今,北美生产的新车中大约有 40%安装了防盗系统,据不完全统计,该类产品在 2015年的全球销售额就已达到 300 多亿人民币,由此可知,汽车安防产品的市场前景非常广阔,然而我国的汽车防盗技术研究工作起步比较晚,基础比较薄弱。本设计的主要研究对象是基于指纹识别的汽车防盗系统,该方式的防盗系统在国外虽有出现,但由于价格昂贵并没有普及使用;而在国内该领域的研究起步晚,目前产品比较少,同样存在着价格昂贵这个难以逾越的鸿沟。

1. 总体方案设计

本设计的整体框图如图 8.16 所示。系统的控制器使用 STC89C52 单片机,指纹控制系统显示部分使用 LCD 液晶显示,指纹传感器使用光学传感器 FM-180。

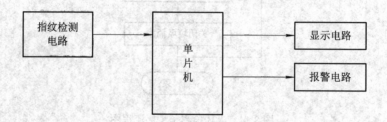

图 8.16　指纹控制系统框图

2. 系统硬件设计

1) 电源电路

电源电路是本系统的主要工作电路之一,为整个系统提供电能量。本设计中单片机的工作电压为+5 V 直流电,可使用 USB 接口供电或干电池供电。为了简单实用,系统使用USB 接口为整个系统供电,其电路如图 8.17 所示。

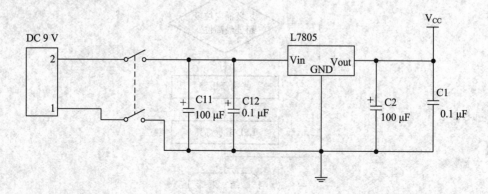

图 8.17　电源电路

2) 指纹检测电路

FM-180 光学指纹传感器将采集到的指纹送入 STC89C52 中得到一个目标指纹,再与输入的指纹进行比较,判断是否在设备允许工作的范围内,若正确,单片机通过三极管驱动继电器的开启或关闭来对设备进行开启。FM-180 有四个引脚,分别是一个电源引脚、一个地线引脚和两个数据引脚。数据引脚直接和单片机的 I/O 口相连。传感器使用 5 V 直流电源。指纹检测电路的原理图如图 8.18 所示。

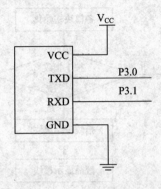

图 8.18 指纹检测电路

3) 显示电路

显示模块用来显示系统的相关信息,本设计中显示器主要显示指纹录入与输入值。嵌入式系统常用的显示器有液晶显示和数码管显示两种,为了能够具有较清晰的显示效果,本设计采用 LCD 液晶管进行显示。系统连接如图 8.19 所示。

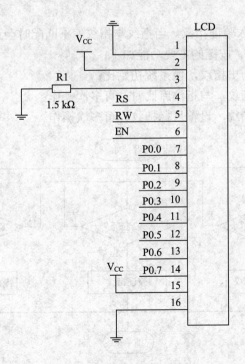

图 8.19 液晶管显示接口电路

3. 系统软件设计

1) 系统主程序

主程序是指纹控制系统的主要工作程序，是整体程序的设计思路。主程序的流程图如图 8.20 所示，主要工作是读取传感器的指纹和对指纹进行处理等。

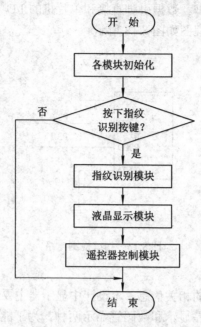

图 8.20　系统主程序流程图

2) 按键子程序

通过 3 个按键来输入验证指纹。当指纹与指纹库不匹配时会进行报警提示。按键子程序流程图如图 8.21 所示。按键的主要功能如下：

(1) 清除键：清除历史指纹，使系统初始化；

(2) 验证键：验证指纹，与指纹库比对，可多次操作；

(3) 输入键：输入指纹，设置目标指纹，可多次操作。

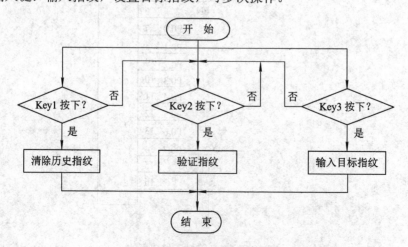

图 8.21　按键子程序流程图

3) 指纹识别子程序

FM-180 作为一个指纹识别模块，用户只需要对模块下达命令就能够实现对模块的控制，进而实现相应的功能。指纹识别模块需要完成的工作有：获取指纹图像，生成指纹特征模板，储存指纹特征模板和匹配指纹等。单片机可根据模块的指令系统，给模块发送指令信息，来控制模块完成相应的工作。指纹识别子程序流程图如图 8.22 所示。

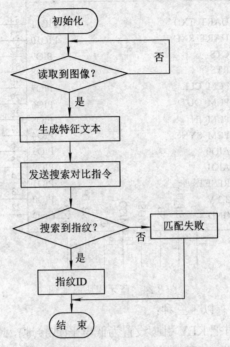

图 8.22　指纹识别子程序流程图

8.4　基于智能手机的门禁控制系统

智能门禁系统已经广泛应用于各种场合，对于保障居住及工作环境的安全而言有着不言而喻的重要作用。随着科学技术的不断发展以及物联网智能化的普及，智能门禁系统作为一种安全防范系统，必然会形成大规模的产业。

1. 总体方案设计

本设计以 AT89C51 作为主控器，通过智能手机发出指令，蓝牙模块接收指令，单片机控制继电器，继而实现对门锁的开关，实现了对于门锁的无钥匙安全控制。智能手机控制门禁系统框图如图 8.23 所示。

图 8.23　智能手机控制门禁系统框图

2. 系统硬件设计

1) 蓝牙通信设计

图 8.24 所示为蓝牙模块的原理图，HC-06 为系统蓝牙通信模块，其中 VD1 为蓝牙模块在工作时的状态指示灯。

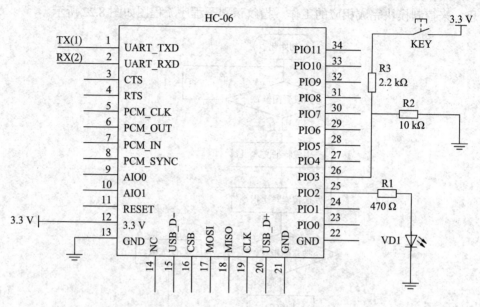

图 8.24　蓝牙模块原理图

蓝牙模块的工作状态有以下三种：

(1) 在模块上电的同时把 KEY 引脚设置为低电平(或接地)，此时 VD1 以 1 s 闪烁两次的频率快闪，表示蓝牙模块进入可配对状态，如果此时再将 KEY 引脚电平置高，模块会进入 AT 状态，但是 VD1 的闪烁频率不变。

(2) 在模块上电的同时把 KEY 引脚设置为高电平(或接到 V_{CC})此时 VD1 以亮 1 s、灭 1 s 的频率慢闪，模块进入 AT 状态，此时波特率为固定的 38 400 b/s。

(3) 模块配对成功，D1 双闪，一次闪 2 下，2 秒闪一次。

2) 蜂鸣器电路设计

蜂鸣器与单片机 P3.1 端相连。当手机发送"开门"或者"关门"指令后，蜂鸣器发出报警提示音。蜂鸣器电路如图 8.25 所示。

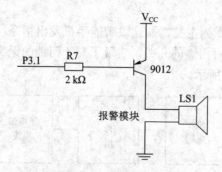

图 8.25　蜂鸣器电路

3) 继电器模块

本设计采用松乐继公司型号为 SRD-05VDC-SL-C 的 5 V 继电器实现门禁的控制。在电路中加入开锁指示灯,当手机发出"开门"信号,蓝牙模块接收后,开锁指示灯亮起,继电器吸合;反之当接到"关门"信号时,指示灯熄灭,继电器释放。图 8.26 所示为继电器模块电路图。

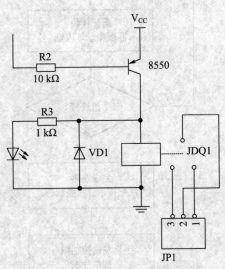

图 8.26 继电器模块电路图

3. 系统软件设计

软件设计上,根据其功能分为几个模块进行编程,包括主程序模块、蓝牙串口通信、继电器模块吸合、开锁指示灯。系统主程序流程图如图 8.27 所示。

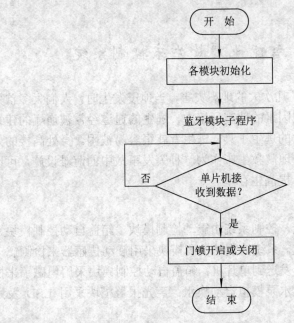

图 8.27 系统主程序流程图

蓝牙模块子程序主要用来接收手机发出的指令，并且传输给单片机进行控制，此部分程序是本次设计的关键所在。图 8.28 所示为蓝牙模块子程序流程图。

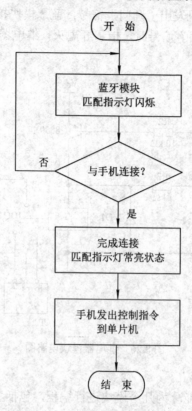

图 8.28　蓝牙模块子程序流程图

8.5　智能地震救生床控制系统

21 世纪以来，我国遭受了几次大的地震灾害，当地震发生时，人们大多首先会想到向室外逃生，但是在充满不确定因素的地震环境中，逃生的通道经常被崩塌的建筑或翻倒的家具堵塞，此时如果没有有效的逃生工具，逃生者就很容易被困。身处高楼的人大多会选择就地躲避以寻求身体保护，地震救生床作为一种突发事故中的避难设施，可以为人们提供一个相对安全可靠的空间，提高生存率。

1. 总体方案设计

为了实现地震救生的功能，控制系统由震动检测模块、箱盖自动控制模块、自动换水模块以及声光报警模块等组成。系统的震动检测模块采用震动传感器来检测震动频率是否达到阈值，达到阈值则将信号发送到单片机；箱盖自动控制模块采用电磁锁来控制箱盖的闭合；自动换水模块采用小型水泵模拟自动换水；声光报警模块采用 LED 及蜂鸣器模拟地震后发出的救援信号。

地震救生床控制系统总体设计框图如图 8.29 所示。

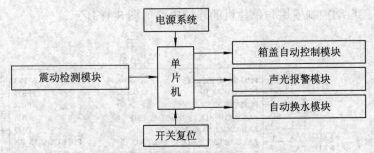

图 8.29 地震救生床控制系统总体设计框图

2. 系统硬件设计

本设计以微型处理器 STM32F103C8T6 单片机为主控制器，系统的硬件电路分为震动检测模块、箱盖自动控制模块、自动换水模块以及声光报警模块。

1) 震动检测模块设计

SW-18010P 震动传感器采用高灵敏度的震动开关，由 5 V 直流电压供电，可与单片机引脚直接相连接，由单片机的 PA3 端口接收和传送串行数据，连接 SW-18010P 震动传感器的引脚 DO。SW-18010P 震动传感器的引脚 V_{CC} 和 GND 分别连接 +5 V 电源和地端。SW-18010P 震动传感器与单片机的连接电路如图 8.30 所示。

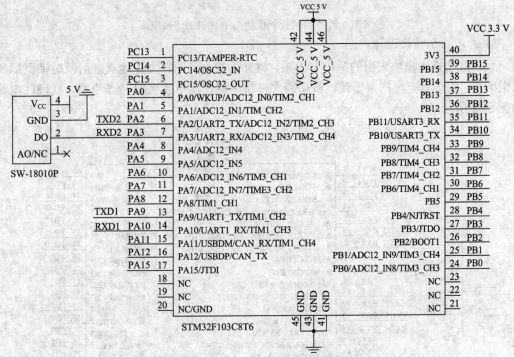

图 8.30 SW-18010P 震动传感器与单片机的连接电路

2) 箱盖自动控制模块

箱盖自动控制模块采用贯穿式小型电磁锁，具有结构简单、灵敏度高等特点，在接收到单片机发出的信号后可以迅速做出反应，使箱盖闭合。电磁锁的一个引脚接一个三极管，另一个引脚接 +5 V 电源，两引脚之间并联一个电容用于储能，电磁锁电路连接单片机的

PA6 引脚。箱盖自动控制模块与单片机的连接电路如图 8.31 所示。

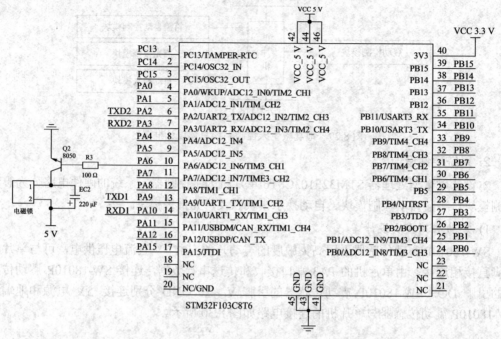

图 8.31　箱盖自动控制模块与单片机的连接电路

3) 自动换水模块设计

系统自动换水模块采用的是小型水泵,将外界的水资源在发生地震之后及时抽到地震救生床内,保证有充足的水资源。自动换水模块电路连接单片机的 PA5 引脚,其硬件电路如图 8.32 所示。

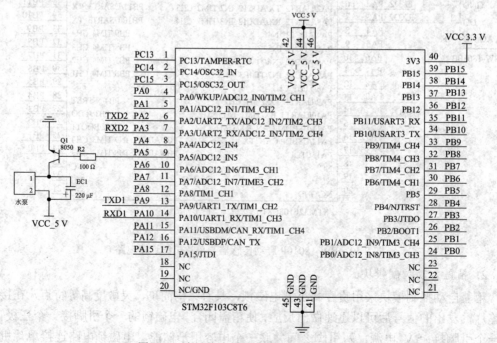

图 8.32　自动换水模块与单片机的连接电路

4) 声光报警模块设计

本系统利用单色发光二极管(LED)作为光电报警中的光闪部分，蜂鸣器则选择市面上比较常见的 5 V 供电蜂鸣器。声光报警模块接单片机的 PA4 引脚，其硬件电路如图 8.33 所示。

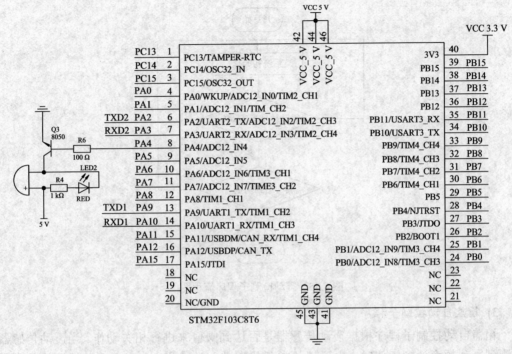

图 8.33　声光报警模块与单片机的连接电路

3. 系统软件设计

系统软件总体设计分为四大模块：首先震动检测模块检测震动传感器是否发生震动，接着判断震动传感器的震动频率是否达到阈值，如果达到阈值，箱盖自动控制模块使箱盖自动闭合，声光报警模块进行声光报警，自动换水模块使水泵运行 5 s。如果震动频率没有达到阈值则系统初始化。

1) 主程序

图 8.34 为系统主程序流程图。

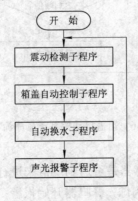

图 8.34　系统主程序流程图

2) 震动检测子程序

震动检测子程序采集 SW-18010P 的数据，并将震动情况发送给单片机，由单片机来判断是否达到阈值。图 8.35 所示为震动检测子程序流程图。

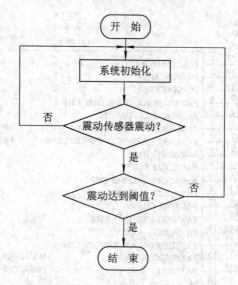

图 8.35　震动检测子程序流程图

3) 箱盖自动控制子程序

箱盖自动控制子程序根据震动传感器是否达到阈值来进行相关动作。当震动传感器检测到震动频率达到阈值时，电磁锁从常开状态进入常闭状态；当震动传感器检测到震动频率没有达到阈值时，电磁锁保持常开的状态。图 8.36 所示为箱盖自动控制子程序流程图。

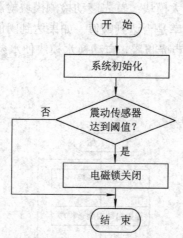

图 8.36　箱盖自动控制子程序流程图

4) 声光报警子程序

声光报警子程序根据震动传感器是否达到阈值来进行相关动作。当震动传感器检测到震动频率达到阈值时，LED 开始闪烁，蜂鸣器开始报警；若震动频率没有达到阈值，LED 不闪烁，蜂鸣器不报警。图 8.37 所示为声光报警子程序流程图。

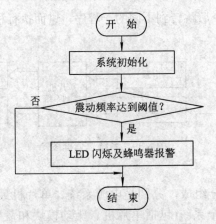

图 8.37　声光报警子程序流程图

5) 自动换水子程序

自动换水子程序将外界的水通过水泵运输到地震救生床中的容器。当震动传感器检测到震动频率达到阈值时，水泵运行 5 s；若震动频率没有达到阈值，则水泵不工作。图 8.38 所示为自动换水子程序流程图。

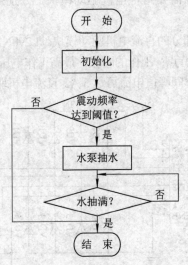

图 8.38　自动换水子程序流程图

8.6　基于智能手机的汽车遥控器

汽车遥控器是目前常见的汽车配备品，但是每个型号的遥控器都有与之对应的汽车，如果原装遥控器坏了，就很难找到与之匹配的其他型号的遥控器。用智能手机设计遥控器，可有效避免一个遥控器只能控制一辆车的情况，并且能实现远程控制汽车，为人们的生活带来极大便利。

1. 总体方案设计

通过智能手机设计可控制汽车启动、停止、左转、右转，以及发出汽车车门开关等命令，单片机接收到控制命令后跳转到不同的子程序，进而执行程序实现相应的功能。系统总体框图如图 8.39 所示。

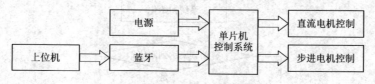

图 8.39　系统总体框图

2. 系统硬件设计

整个硬件电路由四部分组成，分别是电源系统、单片机最小系统、电机驱动模块和蓝牙模块。电源部分为整个系统(包括单片机、驱动模块和蓝牙模块)提供能量；单片机最小系统是下位机的控制中心；电机驱动模块可使汽车实现所要求的功能；蓝牙模块负责传送控制信息，它是连接上位机和下位机的桥梁。

1) 电机驱动模块

由于单片机的 I/O 口驱动能力有限，所以它不能直接连接电机，要想控制电机，必须设计另外的驱动电路。本设计需要两种电机驱动模块，分别是直流电机驱动模块和步进电机驱动模块。

选择 L298N 作为下位机部分的直流电机驱动模块。L298N 是一种电压高且具有极大电流的电机驱动芯片，有以下主要特点：工作的时候，最高工作电压可达到 46 V；输出电流大，稳定工作时的持续电流为 2 A，瞬间峰值电流可达 3 A。直流电机驱动电路原理图如图 8.40 所示。

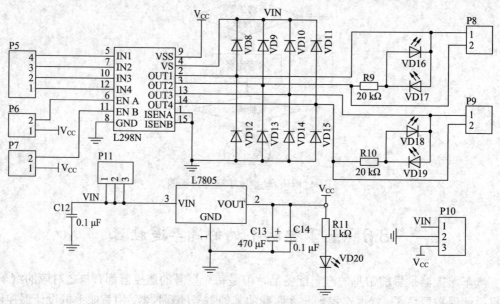

图 8.40　直流电机驱动电路原理图

选择 ULN2003 作为步进电机驱动模块。ULN2003 由大电流以及耐压高的达林顿管组成，每一对达林顿管都串联一个固定阻值的基极电阻，此外，它在工作电压为 5 V 的情况下，可以直接连接 TTL 和 CMOS 电路，并且进行数据处理。ULN2003 电路原理图如图 8.41 所示。

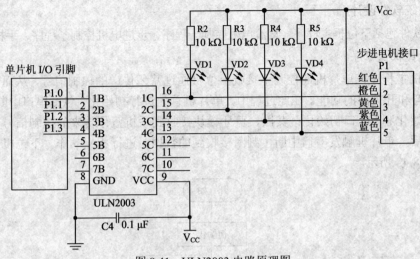

图 8.41 ULN2003 电路原理图

2) 蓝牙模块

HC-05 是一款蓝牙模块，其功能特点如下：

(1) 底板上采用二极管实现防反接保护，本身带有 3.3 V 线性稳压器，要求输入电压范围是 3.6~6 V，但不得超过 7 V。

(2) 接口电平 3.3 V，5 V 单片机也可直接连接。

(3) 可以在 10 m 的距离内进行有效的通信。

(4) 可以通过拉高 PIO11 引脚进入 AT 命令模式进行参数以及信息查询的设置。

HC-05 蓝牙模块电路原理图如图 8.42 所示。

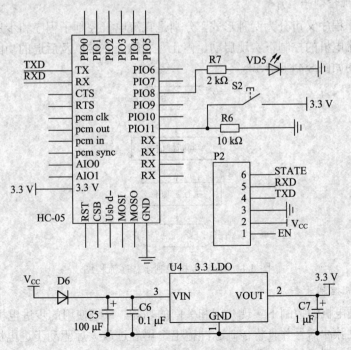

图 8.42 HC-05 蓝牙模块电路原理图

3. 系统软件设计

系统软件包括下位机主程序、直流电机控制子程序、步进电机控制子程序、手机端程序。

1) 下位机主程序

下位机主程序在单片机的控制下接收上位机通过蓝牙传送的控制信号,从而实现使车前进、转弯和开关门的功能。在此过程中,单片机首先进行初始化,包括串口中断初始化、各变量初始化和 I/O 口初始化;其次,蓝牙模块接收到手机蓝牙传来的控制信号后发给单片机;最后,单片机触发串口中断,判断接收到的数据,进行相应动作。下位机主程序流程图如图 8.43 所示。

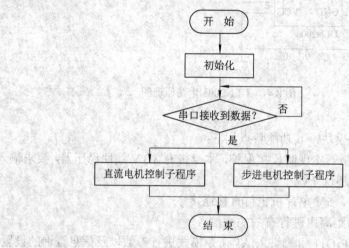

图 8.43 下位机主程序流程图

2) 直流电机控制子程序

电机控制子程序又可分为两种形式,分别是直流电机控制子程序和步进电机控制子程序。小车在直流电机的控制下实现启动、停止、左转、右转以及后退的功能。直流电机控制子程序流程图如图 8.44 所示。

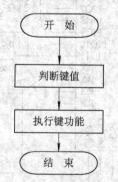

图 8.44 直流电机控制子程序流程图

3) 步进电机控制子程序

小车在步进电机的控制下实现开门和关门的功能。系统使用的步进电机为四相步进电机。单片机接收脉冲信号并且将控制脉冲输出,再经过放大后驱动步进电机的各相绕组,使步进电机伴随着不同的脉冲信号分别做正转或反转的动作。步进电机正、反转子程序流程图如图 8.45 所示。

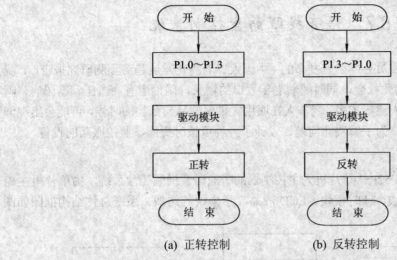

(a) 正转控制　　　　　(b) 反转控制

图 8.45　步进电机控制子程序流程图

4) 手机端程序

手机端程序的功能是搜索附近的蓝牙设备，实现蓝牙与下位机的连接和发送控制命令。其工作过程如下：打开手机端程序后程序会显示登录界面，在该界面有打开蓝牙权限的选择，选择允许后会显示已搜索到的蓝牙设备名称，此时可选择目标对象进行连接；在随后显示的控制界面选择按键发送相应的控制命令，下位机接收到控制命令后执行相应的功能。手机端程序流程图如图 8.46 所示。

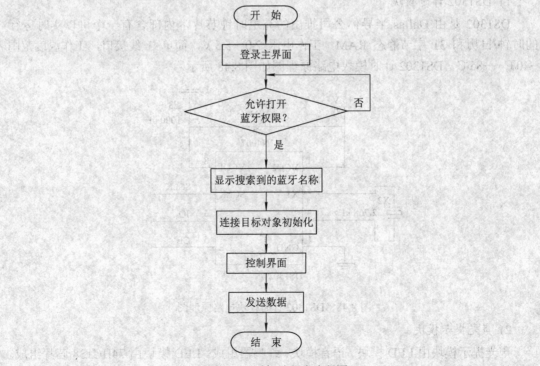

图 8.46　手机端程序流程图

8.7　语音提醒药盒控制系统

根据全国老龄工作委员会办公室发布的《中国人口老龄化发展趋势预测研究报告》，我国已于 1999 年进入老龄化社会，同时随着老年人口的增长，确诊患有高血压、糖尿病、阿尔兹海默症等疾病的老人逐年增多，老年人在服用大量保健品与药物的时候，可能会出现漏服、误服与多服等现象，为了解决此问题，设计了一种可按时提醒、监控服药的设备。

1. 总体方案设计

本设计是以 STC89C52RC 单片机为主控制器的智能语音提醒药盒系统，由单片机主控电路模块、声光提示模块、计时模块、LCD 液晶显示模块等组成。系统总体结构框图如图 8.47 所示。

图 8.47　语音提醒药盒系统总体结构框图

2. 系统硬件设计

1) DS1302 计时模块

DS1302 是由 Dallas 半导体公司推出的充电时钟芯片，内部含有一个可以实时运行的时钟/日历和 31 字节静态 RAM，工作电压 2.0～5.5 V，简单 3 线接口，工作温度范围 −40℃～+85℃。DS1302 计时模块电路原理图如图 8.48 所示。

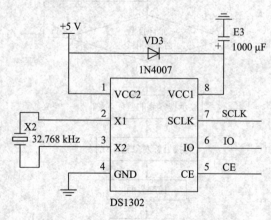

图 8.48　DS1302 计时模块电路原理图

2) 声光提示模块

声光提示模块由 LED 模块、语音模块、蜂鸣器组成。LED 模块由 74HC138 芯片组成。LED 模块原理图如图 8.49 所示。

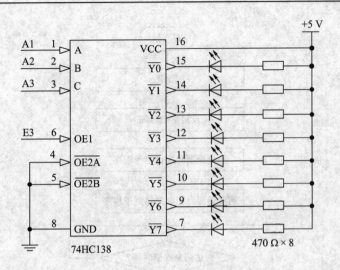

图 8.49 LED 模块电路原理图

语音模块选择 XY-V17B 主要由 WT2000-28SS 语音芯片组成，是一款智能语音模块，支持 MP3、WAV 解码格式，支持 FAT16/32 文件系统，支持 TF 卡和 U 盘，8 个 I/O 口单独触发 8 首曲目或 8 个 I/O 口组合触发 255 首曲目。XY-V17B 模块电路原理图如图 8.50 所示。

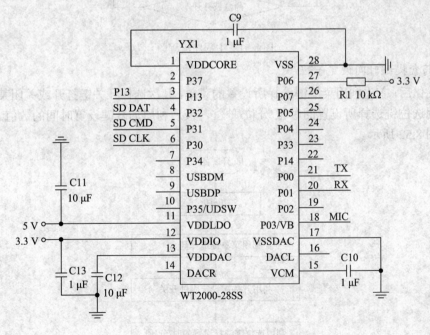

图 8.50 XY-V17B 模块电路原理图

3. 系统软件设计

1) 系统主程序

初始化主要包括液晶显示功能初始化和各个模块的初始化。系统循环检测按键状态，当有按键按下时，根据不同按键进入相应功能程序。如果设置的服药时间到，进入提醒服药状态，重复循环。程序流程图如图 8.51 所示。

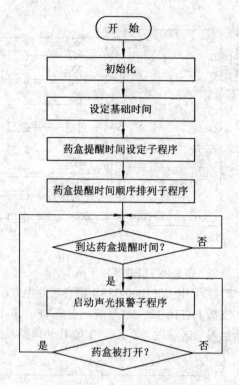

图 8.51　主程序流程图

2) 药盒提醒时间设定子程序

初始化后，首先利用菜单键选择所设置的菜单，其次选择开关键打开或关闭某个闹钟，然后利用选位键选择所设置的时位/分位/秒位，最后利用加减键设置时间的数值。工作流程图如图 8.52 所示。

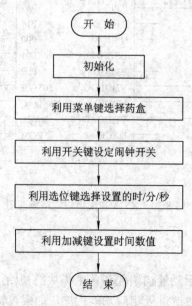

图 8.52　药盒提醒时间设置子程序流程图

3) 药盒提醒时间顺序排列子程序

收集各个药盒的提醒时间，按照 24 小时制，对各个药盒提醒时间进行由前到后的顺序排列，依据排列顺序进行药盒提醒。工作流程图如图 8.53 所示。

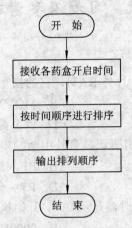

图 8.53 药盒提醒时间顺序排列子程序流程图

附录　习题及参考答案

一、单项选择题

1. 要用传送指令访问 MCS51 片外 RAM，它的指令操作码助记符应是(　　)。

A. MOV
B. MOVX
C. MOVC
D. 以上都行

2. 8051 单片机的(　　)口的引脚还具有外中断、串行通信等第二功能。

A. P0
B. P1
C. P2
D. P3

3. 8051 单片机系统启动工作时，是从(　　)开始执行程序的。

A. 0030H
B. 0000H
C. 0003H
D. 0008H

4. MCS51 单片机的定时器/计数器工作方式 1 是(　　)。

A. 8 位计数器结构
B. 16 位计数器结构
C. 13 位计数器结构
D. 2 个 8 位计数器结构

5. MCS51 单片机的堆栈区应建立在(　　)。

A. 片内数据存储区的低 128 字节单元
B. 片内数据存储区的用户 RAM 区
C. 片内数据存储区的高 128 字节单元
D. 程序存储区

6. 8051 单片机直接寻址的区域为(　　)。

A. 内部 RAM
B. 外部 RAM
C. 内部 ROM
D. 内部 RAM 和 SFR

7. 指令 AJMP 的跳转范围是(　　)。

A. 256 KB
B. 1 KB
C. 2 KB
D. 64 KB

8. 设 MCS51 单片机晶振频率为 6 MHz，定时器作计数器使用时，其最高的输入计数频率应为(　　)。

A. 2 MHz
B. 1 MHz
C. 500 kHz
D. 250 kHz

9. MCS51 单片机的寻址能力达 64 KB，它的地址线是由(　　)提供的。

A. P0 口和 P3 口
B. P0 口和 P2 口
C. P0 口和 P1 口
D. P2 口和 P3 口

10. MCS51 单片机定时器工作方式 0 是指(　　)工作方式。

A. 8 位
B. 8 位自动重装

C. 13 位　　　　　　　　　　　　　D. 16 位

11. 关闭所有中断最简单的方法是用一条(　　)指令。

A. CLR　EA　　　　　　　　　　　B. CLR　ET0

C. CLR　EX1　　　　　　　　　　 D. CLR　ET1

12. 已知(A)=58H，执行指令 CJNE　A，#18H，LOOP 后，A 的内容是(　　)。

A. 58H　　　　　　　　　　　　　B. 00H

C. 40H　　　　　　　　　　　　　D. 50H

13. MCS51 单片机的串口中断入口地址为(　　)。

A. 0003H　　　　　　　　　　　　B. 000BH

C. 0013H　　　　　　　　　　　　D. 0023H

14. 串行口的控制寄存器 SCON 中，TI 的作用是(　　)。

A. 接收中断请求标志位　　　　　　B. 发送中断请求标志位

C. 串行口允许接收位　　　　　　　D. 地址/数据位

15. 当需要从 MCS51 单片机程序存储器取数据时，采用的指令为(　　)。

A. MOV A，@R1　　　　　　　　　B. MOVC A，@A+DPTR

C. MOVX　A，@R0　　　　　　　 D. MOVX A，@DPTR

16. 已知串行口工作在方式 0，这时(　　)引脚送数据信号，传送一帧有(　　)位。

A. RXD，8　　　　　　　　　　　B. RXD，10

C. TXD，8　　　　　　　　　　　D. TXD，10

17. 启动定时器 1 开始计数的指令是使 TCON 的(　　)。

A. TF1 位置 1　　　　　　　　　　B. TR1 位置 1

C. TR0 位置 0　　　　　　　　　　D. TR1 位置 0

18. 在 MCS51 中，需要外加电路实现中断撤除的是(　　)。

A. 定时中断　　　　　　　　　　　B. 脉冲方式的外部中断

C. 外部串行中断　　　　　　　　　D. 电平方式的外部中断

19. MCS51 响应中断时，下列哪种操作不会发生(　　)。

A. 保护现场　　　　　　　　　　　B. 保护 PC

C. 找到中断入口　　　　　　　　　D. 保护 PC 转入中断入口

20. MCS51 单片机的 RS1、RS0=11 时，当前寄存器 R0~R7 占用内部 RAM(　　)单元。

A. 00H~07H　　　　　　　　　　　　　B. 08H~0FH

C. 10H~17H　　　　　　　　　　　D. 18H~1FH

21. MCS51 单片机的片内 RAM 容量为(　　)。

A. 4KB　　　　　　　　　　　　　B. 8KB

C. 128B　　　　　　　　　　　　　D. 256B

22. MCS51 单片机的复位信号是(　　)有效。

A. 高电平　　　　　　　　　　　　B. 低电平

C. 脉冲　　　　　　　　　　　　　D. 下降沿

23. MCS51 单片机的最大时序定时单位是(　　)。

A. 振荡周期　　　　　　　　　　　B. 状态周期

C. 机器周期　　　　　　　　　　　D. 指令周期

24. 设 MCS51 单片机晶振频率为 12 MHz, 定时器作计数器使用时, 其最高的输入计数频率应为(　　)。

A. 2 MHz　　　　　　　　　　　　B. 1 MHz

C. 500 kHz　　　　　　　　　　　D. 250 kHz

25. MCS51 单片机中既可位寻址又可字节寻址的单元是(　　)。

A. 20H　　　　　　　　　　　　　B. 30H

C. 00H　　　　　　　　　　　　　D. 70H

26. 与定时工作方式 1 和 0 比较, 定时工作方式 2 不具备的特点是(　　)。

A. 计数溢出后能自动重新加载计数初值

B. 增加计数器位数

C. 提高定时精度

D. 适于循环定时和循环计数应用

27. 下列指令判断若定时器 T0 计满数就转 LP 的是(　　)。

A. JB　T0, LP　　　　　　　　　　B. JNB　TF0, LP

C. JNB　TR0, LP　　　　　　　　　D. JB　TF0, LP

28. MCS51 单片机定时器 T0 的溢出标志 TF0, 若计满数在 CPU 响应中断后(　　)。

A. 由硬件清零　　　　　　　　　　B. 由软件清零

C. A 和 B 都可以　　　　　　　　　D. 随机状态

29. 在工作方式 0 下, 计数器是由 TH 的全部 8 位和 TL 的 5 位组成, 因此其计数范围是(　　)。

A. 1~8192　　　　　　　　　　　B. 0~8191　　　　C.
0~8192　　　　　　　　　　　　　D. 1~4096

30. 要把 P0 口高 4 位变 0, 低 4 位不变, 应使用指令(　　)。

A. ORL P0, #0FH　　　　　　　　　B. ORL P0, #0F0H

C. ANL P0, #0F0H　　　　　　　　D. ANL P0, #0FH

31. 在寄存器间接寻址方式中, 指定寄存器中存放的是(　　)。

A. 操作数　　　　　　　　　　　　B. 操作数地址

C. 转移地址　　　　　　　　　　　D 地址偏移量

32. 以下哪一条指令的写法是错误的(　　)。

A. MOV DPTR, #3F98H　　　　　　B. MOV R0, #0FEH

C. MOV 50H, #0FC3DH　　　　　　D. INC R0

33. MCS51 单片机的外部中断 1 的中断请求标志是(　　)。

A. ET1　　　　　　　　　　　　　B. TF1

C. IT1　　　　　　　　　　　　　D. IE1

34. 要使 MCS51 能够响应 T1 中断、串行接口中断, 它的中断允许寄存器 IE 的内容应为(　　)。

A. 98H　　　　　　　　　　　　　B. 84H

C. 42H　　　　　　　　　　　　　D. 22H

35. 以下哪一条是位操作指令(　　)。

A. MOV P0, #0FFH　　　　　　　　B. SETB　TR0

C. CPL　R0　　　　　　　　　　　　D. PUSH　PSW

36. MOVX　A，@DPTR 指令中源操作数的寻址方式是(　　)。

A. 寄存器寻址　　　　　　　　　　B. 寄存器间接寻址

C. 直接寻址　　　　　　　　　　　D. 立即寻址

37. MCS51 单片机的外部中断 0 中断入口地址为(　　)。

A. 000BH　　　　　　　　　　　　B. 001BH

C. 0003H　　　　　　　　　　　　D. 0013H

38. 若 MCS51 单片机使用晶振频率为 6 MHz，其复位持续时间应该超过(　　)。

A. 2 μs　　　　　　　　　　　　　B. 4 μs

C. 8 μs　　　　　　　　　　　　　D. 1 ms

39. 若 PSW.4＝0，PSW.3＝1，要想把寄存器 R0 的内容入栈，应使用(　　)指令。

A. PUSH　R0　　　　　　　　　　B. PUSH　@R0

C. PUSH 00H　　　　　　　　　　D. PUSH 08H

40. 单片机 8051 的 XTAL1 和 XTAL2 引脚是(　　)引脚。

A. 外接定时器　　　　　　　　　　B. 外接串行口

C. 外接中断　　　　　　　　　　　D. 外接晶振

41. 当 ALE 信号有效时，表示(　　)。

A. 从 ROM 中读取数据　　　　　　B. 从 P0 口可靠地送出低 8 位地址

C. 从 P0 口送出数据　　　　　　　D. 从 RAM 中读取数据

42. 若 MCS51 中断源都被编程为同级，当它们同时申请中断时 CPU 首先响应(　　)。

A. INT1　　　　　　　　　　　　　B. INT0

C. T1　　　　　　　　　　　　　　D. T0

43. 各中断源发出的中断请求信号，都会标记在 MCS51 系统中的(　　)。

A. TMOD　　　　　　　　　　　　B. TCON/SCON

C. IE　　　　　　　　　　　　　　D. IP

44. 在中断服务程序中，至少应有一条(　　)。

A. 传送指令　　　　　　　　　　　B. 转移指令

C. 加法指令　　　　　　　　　　　D. 中断返回指令

45. MCS51 单片机响应中断的过程是(　　)。

A. 断点 PC 自动压栈，对应中断矢量地址装入 PC

B. 关中断，程序转到中断服务程序

C. 断点压栈，PC 指向中断服务程序地址

D. 断点 PC 自动压栈，对应中断矢量地址装入 PC，程序转到该矢量地址，再转至中断服务程序首地址

46. 用定时器 T1 方式 1 计数，要求每计满 10 次产生溢出标志，则 TH1、TL1 的初始值是(　　)。

A. FFH、F6H　　　　　　　　　　B. F6H、F6H

C. F0H、F0H   D. FFH、F0H

47. MCS51 单片机定时器溢出标志是(   )。

A. TR1 和 TR0   B. IE1 和 IE 0

C. IT1 和 IT0   D. TF1 和 TF0

48. ORG   0003H

　　LJMP   2000H

　　ORG   000BH

　　LJMP   3000H

当 CPU 响应外部中断 0 后，PC 的值是(   )。

A. 0003H   B. 2000H

C. 000BH   D. 3000H

49. 以下哪一条指令的写法是错误的(   )。

A. INC DPTR   B. MOV R0，#0FEH

C. DEC   A   D. PUSH   A

50. 以下哪一条指令的写法是错误的(   )。

A. MOVC A，@A+DPTR   B. MOV R0，#FEH

C. CPL   A   D. PUSH   ACC

51. 以下哪一条是位操作指令(   )。

A. MOV P0，#0FFH   B. CLR P1.0

C. CPL   A   D. POP   PSW

52. 以下哪一条是位操作指令(   )。

A. MOV P1，#0FFH   B. MOV C，ACC.1

C. CPL   A   D. POP   PSW

53. 以下哪种方式的接口总线最少？(   )

A. SPI   B. I^{2}C

C. 单总线   D. 并行通信

54. 以下哪个属于单片机系统前向通道的器件？(   )

A. A/D 转换器   B. D/A 转换器

C. LED 数码管   D. 继电器

55. MCS51 单片机的 RS1、RS0＝01 时，当前寄存器 R0～R7 占用内部 RAM(   ) 单元。

A. 00H～07H   B. 08H～0FH

C. 10H～17H   D. 18H～1FH

二、填空题

1. 单片机 8051 的 5 个中断源分别为(   )、(   )、(   )、(   )、(   )。

2. 单片机 8051 的中断要用到 4 个特殊功能寄存器，它们是(   )、(   )、(   )、(   )。

3. 在 8051 中，外部中断由 IT0(1)位来控制其两种触发方式，分别是(   )触发方式和( )触发方式。

4. 中断处理过程分为 3 个阶段，即( )、( )、( )。

5. 串行通信有( )通信和( )通信两种通信方式。

6. 在异步通信中，数据的帧格式定义一个字符由 4 部分组成，即( )、( )、( )、( )。

7. 数据寄存器 DPTR 是( )位寄存器，寻址范围为( )。

8. MCS51 系统中，当 $\overline{PSEN}$ 信号有效时，表示 CPU 要从( )存储器读取信息。

9. 当 $\overline{EA}$ 接地时，MCS51 单片机将从( )的地址( )开始执行程序。

10. 当 CPU 访问片外的存储器时，其低 8 位地址由( )口提供，高 8 位地址由( )口提供，8 位数据由( )口提供。

11. 在 8051 中，片内 RAM 分为地址为( )的真正 RAM 区和地址为 80H～FFH 的( )区两个部分。

12. 8051 单片机片内共有( )字节单元的 RAM。

13. 8051 有 2 个中断优先级，优先级由软件填写特殊功能寄存器( )加以选择。

14. CHMOS 型 80C51 有两种低功耗方式，即( )和( )。

15. 执行 ANL A,#0FH 指令后，累加器 A 的高 4 位=( )。

16. 8051 单片机共有( )个中断源。

17. 8051 的定时器/计数器作计数器时计数脉冲由外部信号通过引脚( )和( )提供。

18. 使用定时器/计数器 1 设置串行通信的波特率时，应把定时器/计数器 1 设定为方式 2，即( )方式。

19. 如果(A)=34H，(R7)=0ABH，执行 XCH A,R7；结果(A)=( )，(R7)=( )。

20. 定时器/计数器的工作方式 3 是指将( )拆成两个独立的 8 位计数器，而另一个定时器/计数器此时通常只可作为( )使用。

21. JBC 00H,rel 操作码的地址为 2000H，rel=70H，它的转移目的地址为( )。

22. 在变址寻址方式中，以( )或( )作为基址寄存器。

23. 假定(SP)=40H，(3FH)=30H，(40H)=60H。执行 POP DPH 和 POP DPL 指令后，DPTR 的内容为( )，SP 的内容是( )。

24. 定时器/计数器 T1 中断的入口地址为( )。

25. 8051 单片机的串行口工作方式 0 是( )方式，它的波特率是( )。

26. 8051 单片机内部 RAM 中位地址为 31H 所对应的字节地址是( )。

27. 8051 单片机复位后，R0～R7 的直接地址为( )。

28. MOV C,20H 源寻址方式为( )寻址。

29. 外中断请求标志位是( )和( )。

30. 累加器(A)=80H，执行完指令 ADD A,#83H 后，进位位 C=( )。

31. 若单片机使用频率为 6 MHz 的晶振，那么时钟周期为( )，机器周期为( )。

32. 当定时器 T0 工作在方式 3 时，要占用定时器 T1 的( )和( )两个控制位。

33. 8051 的堆栈是软件填写堆栈指针临时在(　　　　)数据存储器内开辟的区域。

34. 8051 单片机复位后，R4 所对应的存储单元的地址为(　　　　)，这时当前的工作寄存器区是第(　　　　)工作寄存器区。

35. 累加器(A)=7EH，(20H)=#04H，MCS-51 执行完 ADD A，20H 指令后 PSW.0=(　　　　)。

36. 8051 有 4 组工作寄存器，它们的地址范围是(　　　　)。

37. 设 8051 的晶振频率为 11.0592 MHz，选用定时器 T 工作模式 2 作波特率发生器，波特率为 2400 b/s，且 SMOD 置 0，则定时器的初值为(　　　　)。

38. 键盘可分为(　　　　)式和(　　　　)式两类，每一类按其译码方式又可以分为(　　　　)式和(　　　　)式。

39. LED 数码管有(　　　　)显示和(　　　　)显示两种方式。

40. 在执行下列指令后，A=(　　　　)，R0=(　　　　)，(60H)=(　　　　)。

```
MOV    A, #45H
MOV    R0, #60H
MOV    @R0, A
XCH    A, R0
```

41. 设 RAM 中(2456H)=66H，(2457H)=34H，ROM 中(2456H)=55H，(2457H)=64H。请分析下面程序执行后各寄存器的内容。(A)=(　　　　)，(DPTR)=(　　　　)。

```
MOV    A, #1
MOV    DPTR, #2456H
MOVC   A, @A+DPTR
```

42. 执行下列程序后，(A)=(　　　　)，(B)=(　　　　)。

```
MOV    A, #9FH
MOV    B, #36H
ANL    B, A
SETB   C
ADDC   A, B
```

三、是非题

1. 8051 系列单片机直接读端口和读端口锁存器的结果永远是相同的。(　　)
2. 读端口还是读锁存器是用指令来区别的。(　　)
3. 在 8051 的片内 RAM 区中，位地址和部分字节地址是冲突的。(　　)
4. 中断的矢量地址位于 RAM 区中。(　　)
5. 工作寄存器区不允许作为普通的 RAM 单元来使用。(　　)
6. 工作寄存器组是通过置位 PSW 中的 RS0 和 RS1 来切换的。(　　)
7. 特殊功能寄存器可以当作普通的 RAM 单元来使用。(　　)
8. 访问 128 个位地址用位寻址方式，访问低 128 字节单元用直接或间接寻址方式。(　　)
9. 堆栈指针 SP 的内容可指向片内 00H～7FH 的任何 RAM 单元，系统复位后，SP 初

始化为 00H。（　　）

　　10. 数据指针 DPTR 是一个 16 位的特殊功能寄存器。（　　）

　　11. DPTR 只能当作一个 16 位的特殊功能寄存器来使用。（　　）

　　12. 程序计数器 PC 是一个可以寻址的特殊功能寄存器。（　　）

　　13. 在 8051 中，当产生中断响应时，所有中断请求标志位都由硬件自动清零。（　　）

　　14. 在 MCS51 系列单片机中，中断服务程序从矢量地址开始执行，一直到返回指令"RETI"为止。（　　）

　　15. 在执行子程序调用或执行中断服务程序时都将产生压栈的动作。（　　）

　　16. 定时器/计数器工作于定时方式时，是通过 8051 片内振荡器输出经 12 分频后的脉冲进行计数，直至溢出为止。（　　）

　　17. 定时器/计数器工作于计数方式时，是通过 8051 的 P3.4 和 P3.5 对外部脉冲进行计数，当遇到脉冲下降沿时计数一次。（　　）

　　18. 定时器/计数器在工作时需要消耗 CPU 的时间。（　　）

　　19. 定时器/计数器的工作模式寄存器 TMOD 可以进行位寻址。（　　）

　　20. 定时器/计数器在使用前和溢出后，必须对其赋初值才能正常工作。（　　）

　　21. 在 51 系列单片机的指令中，既有带借位的减法指令，又有不带借位的减法指令。（　　）

　　22. 单片机 8051 的定时器/计数器是否工作可以通过外部中断进行控制。（　　）

　　23. 单片机 8051 具有并行通信和串行通信两种通信方式。（　　）

　　24. 并行通信的优点是传送速度高，缺点是所需传送线较多，远距离通信不方便。（　　）

　　25. 串行通信的优点是只需一对传送线，成本低，适于远距离通信，缺点是传送速度较慢。（　　）

　　26. 异步通信中，在线路上不传送字符时保持高电平。（　　）

　　27. 在异步通信的帧格式中，数据位是低位在前高位在后的排列方式。（　　）

　　28. 异步通信中，波特率是指每秒传送二进制代码的位数，单位是 b/s。（　　）

　　29. 在单片机 8051 中，串行通信方式 1 和方式 3 的波特率是固定不变的。（　　）

　　30. 在单片机 8051 中，读和写的 SBUF 在物理上是独立的，但地址是相同的。（　　）

　　31. 单片机 8051 一般使用非整数的晶振是为了获得精确的波特率。（　　）

　　32. 单片机 8051 和 PC 的通信中，使用芯片 MAX232 是为了进行电平转换。（　　）

　　33. 8051 单片机没有 SPI 接口，只能依靠软件来模拟 SPI 的操作。（　　）

　　34. 8051 单片机没有 I^2C 接口，只能依靠软件来模拟 I^2C 的操作。（　　）

　　35. 在 8051 中，当用某两根口线来实现 I^2C 总线的功能时，这两根口线必须接上拉电阻。（　　）

　　36. 在 I^2C 总线的时序中，首先是起始信号，接着传送的是地址和数据字节，传送完毕后以终止信号结尾。（　　）

　　37. 在单总线测温器件 DS18S20 中，每个器件都具有一个唯一的序号。（　　）

　　38. 在 A/D 转换器中，逐次逼近型在精度上不及双积分型，但双积分型速度较低。（　　）

39. A/D 转换的精度不仅取决于量化位数，还取决于参考电压。(　　)

四、简答题

1. 请说明为什么使用 LED 需要接限流电阻，当高电平为 5 V 时，正常点亮一个 LED 需要多大阻值的限流电阻(设 LED 的正常工作电流为 10 mA，导通压降为 0.6 V)？为什么？

2. 简述 8051 单片机中断的概念。

3. 8051 单片机在片内集成了哪些主要逻辑功能部件？各个逻辑部件最主要的功能是什么？

4. 什么是堆栈？堆栈有哪些功能？设计时，堆栈指针 SP 的作用是什么？为什么有时还要对 SP 重新赋值？

5. 什么是寻址方式？8051 单片机有哪几种寻址方式？

6. 8051 单片机的 MOV、MOVC、MOVX 指令有什么区别？分别用于哪些场合？由它们分别可以产生一些什么信号？

7. 已知当前 PC 值为 23FEH，LOOP 值为 2200H，问指令 SJMP　LOOP 是否正确，并说明原因。

8. 采用 6 MHz 的晶振，定时 1 ms，用定时器方式 0 时的初值应为多少？

9. 综述 8051 系列单片机各引脚的作用。

10. 如何理解：8051 存储器空间在物理结构上可划分为 4 个空间，而在逻辑上又可划分为 3 个空间。

11. 说明 8051 系统中存储器的分类，用什么指令来访问这些存储器？此时哪些引脚信号会起作用？

12. 8051 的中断系统有几个中断源？几个中断优先级？中断优先级是采用哪个寄存器进行控制的？在出现同级中断申请时，CPU 按什么顺序响应(按由高级到低级的顺序写出各个中断源)？各个中断源的入口地址是多少？

13. 若时钟频率为 12 MHz，请计算 4 种定时方式所能获得的最长延时时间各是多少。

14. 何谓时钟周期、机器周期、指令周期？针对 MCS51 系列单片机，阐述它们的关系。

15. 8051 的串口有几种工作方式？给出它们的主要特点和传输的波特率。

16. 8051 单片机内部设有几个定时器/计数器？它们各由哪些特殊功能寄存器所组成？有哪几种工作方式？

17. 8031 单片机片内 RAM 低 128 个存储单元划分为哪 3 个主要部分？各部分主要功能是什么？

18. 已知单片机系统晶振频率为 6 MHz，若要求定时值为 10 ms，定时器 T0 工作在方式 1 时，定时器 T0 对应的初值是多少？

19. 单片机 8051 有哪些中断源？对其中断请求如何进行控制？

20. 简述单片机 8051 中断的自然优先级顺序，简述如何提高某一中断源的优先级别。

21. 简述 MCS51 系列单片机中断响应的条件。

22. 在 MCS51 系列单片机执行中断服务程序时，为什么一般都要在矢量地址开始的地方放一条跳转指令？

23. 为什么一般都把主程序的起始地址放在 0030H 之后？

24. 简述定时器/计数器 4 种工作模式的特点。

25. 简述 8051 串口通信的四种方式及其特点。

26. 简述在使用普通按键的时候，为什么要进行去抖动处理，如何处理。

27. 简述 LED 数码管动态扫描的原理及其实现方式。

28. 简述看门狗的基本原理。

五、编程题

1. 如何运用两个定时器/计数器相串联来产生 1s 的时钟基准信号。试写出程序。(设晶振频率为 12 MHz，用 LED 显示秒信号。注：计数器输入端为 P3.4(T0)、P3.5(T1)。)

2. 将字节地址 30H～3FH 单元的内容逐一取出减 1，然后再放回原处，如果取出的内容为 00H，则不要减 1，仍将 0 放回原处。

3. 74LS164 的并行输出端接 8 只发光二极管，利用它的串入并出功能，使发光二极管从左到右依次点亮，并反复循环。假定发光二极管为共阴极接法。接法如题图 1 所示。

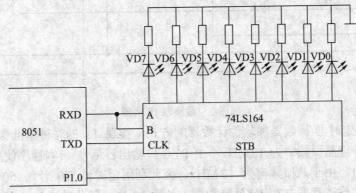

题图 1　发光二极管接法

4. 在外部 RAM 首地址为 TABLE 的数据表中有 10 个字节数据，编程将每个字节的最高位无条件地置 1。

5. 已知内部 RAM 30H 单元开始存放 20H 个数据，将其传送到外部 RAM 的 0000H 单元开始的存储区，请编程实现。

6. 已知外部 RAM 4000H 单元开始存放 10 个数据，将其传送到内部 RAM 的 30H 单元开始的存储区，请编程实现。

7. 将 30H、31H 单元中的十进制数与 38H、39H 单元中的十进制数做十进制加法，其和送入 40H、41H 单元中，即(31H，30H)+(39H，38H)→(41H，40H)。

8. 设单片机晶振频率为 6 MHz，使用 T1 以工作方式 1 产生周期为 500 μs 的正方波，并由 P1.0 输出，以中断方式编程。

9. 用 8051 输出控制 8 个 LED 从 LED1 到 LED8、再到 LED1……，每次一个 LED 发光，并不断循环。一个开关控制引起中断，电平触发，中断后 8 个 LED 一起闪 5 下，然后恢复前面的循环。写出完整的程序。(软件延时用循环 5×126×200 次控制)

10. 根据题图 2 回答：

(1) 外部扩展的程序存储器和数据存储器容量各是多少？

(2) 三片存储器芯片的地址范围分别是多少？(地址线未用到的位填 1)

(3) 请编写程序，将内部 RAM 40H～4FH 中的内容送入 1# 6264 的前 16 个单元中。

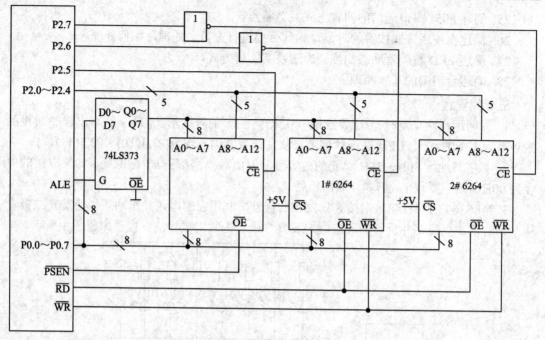

题图2　编程题 10 用图

11. 用一个定时器/计数器加软件计数器的方式，实现 1s 的时钟基准信号，试写出程序并加以说明。设晶振频率为 12MHz，由 P1.0 口输出秒信号。(本程序使用定时器 T0，采用工作模式 1。由于晶振频率为 12MHz，因此利用定时器 T0 计时 50ms，其初值为 3CB0H。利用工作寄存器 R7 作软件计数器，计数 20 次。每计时满 1s，就将 P1.0 口输出信号取反，以输出秒信号。)

12. 求从 TABLE 开始的内部单元中的 8 个单字节正数的平均值。

★ 习题参考答案

一、单项选择题

1~5	BDBBC	2~10	DCABC	11~15	AADBB
16~20	ABDAD	21~25	CADCA	26~30	BDAAD
31~35	BCDAB	36~40	BCBDB	41~45	BBBDD
46~50	ADBDB	51~55	BBCAB		

二、填空题

1. INT0、INT1、T0、T1、TXD/RXD

2. TCON、SCON、IE、IP

3. 电平、边沿

4. 中断响应、中断处理、中断返回

5. 同步、异步

6. 起始位、数据位、奇偶校验位、停止位

7. 16、64KB

8. 外部程序

9. 外部 ROM、0000

10. P0、P2、P0

11. 00H～7FH、特殊功能寄存器(SFR)

12. 128

13. IP

14. 待机方式、掉电方式

15. 0000

16. 5

17. P3.4、P3.5

18. 自动重新加载

19. 0ABH、34H

20. T0、波特率发生器

21. 2073H

22. PC、DPTR

23. 6030H、3EH

24. 001BH

25. 8 位移位寄存器、f_{osc}/12

26. 26H

27. 00H～07H

28. 位

29. IE0、IE1

30. 1

31. 0.334μs、2μs

32. TR1、TF1

33. 内部

34. 04H、0

35. 0

36. 00H～1FH

37. F4H

38. 独立连接、行列(矩阵)、编码、非编码

39. 静态、动态

40. 60H、45H、45H

41. 64H、2356H

42. 35H、16H

三、是非题

1. F	2. T	3. F	4. F	5. F	6. T	7. F	8. T
9. F	10. T	11. F	12. F	13. F	14. T	15. T	16. T
17. T	18. F	19. F	20. F	21. F	22. T	23. T	24. T

25. T　26. T　27. T　28. T　29. F　30. T　31. T　32. T
33. T　34. T　35. T　36. F　37. T　38. T　39. T

四、简答题

1. 因为 LED 导通时,压降是固定的(0.6 V)。为了使 LED 既能正常工作(电流为 10 mA),又不至于被过大的电流损坏,必须加一个限流电阻。

2. 当 CPU 正在处理某件事情的时候,外部发生的某一事件请求 CPU 迅速去处理,于是,CPU 暂时中止当前的工作,转去处理所发生的事件。中断服务处理完该事件以后,再回到原来被中止的地方,继续原来的工作,这样的过程称为中断。

3. 8051 单片机在片内主要包含中央处理器 CPU(算术逻辑单元(ALU)及控制器等)、只读存储器 ROM(存储程序)、读/写存储器 RAM(存储数据)、定时器/计数器(完成定时和计数)、并行 I/O 口 P0~P3(完成并行数据的输入输出)、串行口(完成串行数据的输入输出)、中断系统(中断的管理)以及定时控制逻辑电路等。

4. 堆栈是在片内数据 RAM 区中,数据按照"先进后出"或"后进先出"原则进行管理的区域。堆栈的功能有两个:保护断点和保护数据。在子程序调用和中断操作时这两个功能特别有用。在 8051 单片机中,堆栈在子程序调用和中断时会把断点地址自动进栈和出栈。进栈和出栈的指令(PUSH、POP)操作可用于保护现场和恢复现场。由于子程序调用和中断都允许嵌套,并可以多级嵌套,而现场的保护也往往使用堆栈,所以一定要注意给堆栈以一定的深度,以免造成堆栈内容的破坏而引起程序执行的"跑飞"。

堆栈指针 SP 是一个 8 位寄存器,存放当前的堆栈栈顶所指存储单元。8051 单片机的堆栈是向上生成的,即进栈时 SP 的内容是增加的;出栈时 SP 的内容是减少的。

系统复位后,8051 的 SP 内容为 07H。若不重新定义,则以 07H 为栈底,压栈的内容从 08H 单元开始存放。但工作寄存器 R0~R7 有 4 组,占用内部 RAM 地址为 00H~1FH,位寻址区占用内部 RAM 地址为 20H~2FH。若程序中使用了工作寄存器 1~3 组或位寻址区,则必须通过软件对 SP 的内容重新定义,使堆栈区设定在片内数据 RAM 区中的某一区域内(如 30H),堆栈深度不能超过片内 RAM 空间。

5. 指令的一个重要的组成部分是操作数,指令给出参与运算的数据的方式称为寻址方式,换句话说,寻址方式就是寻找确定参与操作的数的真正地址。MCS51 系列单片机共有 7 种寻址方式:立即寻址、直接寻址、寄存器寻址、寄存器间接寻址、变址寻址、相对寻址和位寻址。

6. MOV 指令用于对内部 RAM 的访问。MOVC 指令用于访问程序存储器,从程序存储器中读取数据(如表格、常数等),它有效时将产生 PSEN 信号。MOVX 指令用于访问外部数据存储器。注意:执行 MOVX 指令时,在 P3.7 引脚上同时输出 RD 有效信号,或在 P3.6 引脚上输出 WR 有效信号,可以用作外部数据存储器或 I/O 的读/写选通控制信号。

7. 不正确,SJMP 为短转移指令,转移目标不能超出当前 PC 值-128~127 个字节范围。

8. 因为采用 6 MHz 晶振,所以机器周期为 2 μs,可得

$$(2^{13} - X) \times 2 \times 10 - 6 = 1 \times 10 - 3$$

解得 $X = 7692(D) = 1E0CH = 1\ 1110\ 0000\ 1100(B)$,化成方式 0 要求的格式为 1111 0000 1100 B,即 0F00CH。

综上可知:TLX = 0CH,THX = 0F0H。

9. 8051 有 4 个 8 位并行 I/O 口：P0、P1、P2 和 P3 口，共 32 条端线。每一个 I/O 口都能用作输入或输出。用作输入时，均须先写入"1"；用作输出时，P0 口应外接上拉电阻。P0 口的负载能力为 8 个 LSTTL 门电路；P1～P3 口的负载能力为 4 个 LSTTL 门电路。在并行扩展外存储器或 I/O 口情况下，P0 口用于低 8 位地址总线和数据总线(分时传送)，P2 口用于高 8 位地址总线，P3 口常用于第二功能。

10. 8051 在物理结构上有 4 个存储空间：片内程序存储器、片外程序存储器、片内数据存储器和片外数据存储器。但在逻辑上，即从用户使用的角度来看，8051 有三个存储空间：片内外统一编址的 64KB 程序存储器地址空间(用 16 位地址)、256B 片内数据存储器的地址空间(用 8 位地址)及 64KB 片外数据存储器地址空间(用 16 位地址)。在访问三个不同的逻辑空间时，应采用不同形式的指令(见指令系统)，以产生不同的存储空间的选通信号。

11. 有片内存储器、片外程序存储器和片外数据存储器 3 类，常用 MOV 指令访问片内 RAM，用 MOVC 访问 ROM，此时，P0 和 P2 构成 16 位地址，产生 ALE 锁存信号，P0 分时传递数据，$\overline{\text{PSEN}}$ 引脚作为 ROM 的读信号；用 MOVX 访问片外 RAM，此时 P0 和 P2 构成 16 位地址，产生 ALE 锁存信号，P0 分时传递数据，P3 口产生 WR 和 RD 写、读信号。

12. 8051 单片机有 5 个中断源，2 个中断优先级，中断优先级由特殊功能寄存器 IP 控制，在出现同级中断申请时，CPU 按如下顺序响应各个中断源的请求：INT0、T0、INT1、T1、串口，各个中断源的入口地址分别是 0003H、000BH、0013H、001BH、0023H。

13. 由于时钟是 12MHz，所以定时器的计数周期为 12MHz/12＝1μs，0 方式是 13 位，所以最长延时可达 2^{13}μs；1 方式是 16 位，所以最长延时可达 2^{16}μs；2 方式和 3 方式都只有 8 位，所以它们的最长延时只有 2^8μs。

14. 时钟周期就是 CPU 时钟的振荡周期，是计算机中最基本、最小的时间单元。状态周期是指时钟周期经过二分频后，用作单片机内部各功能部件按序协调工作的控制信号，用 S 表示。机器周期是指完成一个基本操作所需要的时间。指令周期是指从取指令到执行完指令所需要的时间。

它们的关系是 1 个机器周期包含 6 个状态周期，1 个状态周期包含 2 个时钟周期。

8051 单片机执行一条指令的时间包含 1～4 个机器周期。

15. 共有 4 种串行通信的方式可选。0 方式是 8 位移位输入输出方式；1 方式是 10 位异步通信方式，2、3 方式是 11 位异步通信方式，2、3 方式主要是波特率的设定不同，0 方式波特率为 $f_{osc}/12$，2 方式为 $f_{osc}/32$ 或者 $f_{osc}/64$，1、3 方式取决于定时计数器 1 的溢出率。

16. 8051 的单片机内有 2 个 16 位可编程的定时器/计数器，它们具有 4 种工作方式，其控制字和状态均在相应的特殊功能寄存器中，通过对控制寄存器的编程就可以方便地选择适当的工作方式。

特殊功能寄存器包括加 1 计数器和控制寄存器，具体包括：16 位加 1 计数器 TH0、TL0 和 TH1、TL1；定时控制寄存器(TCON)和工作方式控制寄存器(TMOD)；

有 4 种工作方式，分别是：

方式 0：13 位定时器/计数器。

方式 1：16 位定时器/计数器。

方式 2：初值自动重新装入的 8 位定时器/计数器。

方式 3：仅适用于 T0，将其分为两个 8 位计数器。T1 不计数。

17. 8051 片内 RAM 的低 128 个存储单元划分为 3 个主要部分：

寄存器区。共 4 组寄存器，每组 8 个存储单元，各组以 R0～R7 作为单元编号。常用于保存操作数及中间结果等。R0～R7 也称为"通用工作寄存器"，占用 00H～1FH 共 32 个单元地址。

位寻址区。单元地址为 20H～2FH，既可作为一般 RAM 单元使用，按字节进行操作，也可对单元中的每一位进行位操作，因此称为"位寻址区"。寻址区共有 16 个 RAM 单元，共计 128 位，位地址为 00H～7FH。

用户 RAM 区。在内部 RAM 低 128 单元中，除去前面两个区，剩下 80 个单元，单元地址为 30H～7FH。在用户 RAM 区内可以设置堆栈区。

18. 一个机器周期是 2μs，需计数 10 000/2＝5000，方式 1 为 16 位计数器，因此计数初值为 65 536－5000＝60 536＝EC78H

19. 8051 中断系统有 5 个中断源：

INT0：外部中断 0 请求，低电平有效。通过 P3.2 引脚输入。

INT1：外部中断 1 请求，低电平有效。通过 P3.3 引脚输入。

T0：定时器/计数器 0 溢出中断请求。

T1：定时器/计数器 1 溢出中断请求。

TXD/RXD：串行口中断请求。当串行口完成一帧数据的发送或接收时，便请求中断。

20.　　　　中断源(控制位)　　　　　　自然优先级

　　　外部中断 0(PX0)　　　　　　　最高

　　　定时器/计数器 0 溢出中断(PT0)

　　　外部中断 1(PX1)

　　　定时器/计数器 1 溢出中断(PT1)

　　　串行口中断(PS)　　　　　　　　最低

若某几个控制位为 1，则相应的中断源就规定为高级中断；反之，若某几个控制位为 0，则相应的中断源就规定为低级中断。当同时接收到几个同一优先级的中断请求时，响应哪个中断源则取决于内部硬件查询顺序(即自然优先级)。

21. 有中断源发出中断请求；中断总允许位 $\overline{EA}$＝1，即 CPU 开中断；申请中断的中断源的中断允许位为 1，即中断没有屏蔽；无同级或更高级中断正在被服务；当前的指令周期已经结束；若现在指令为 RETI 或者是访问 IE 或 IP 指令，则该指令以及紧接着的另一条指令已执行完。

22. 因为 51 系列单片机的两个相邻中断源中断服务程序入口地址相距只有 8 个单元，一般的中断服务程序是容纳不下的，因此一般都要在相应的中断服务程序入口地址中放一条跳转指令。

23. 因为 0000H～0030H 中有中断的矢量地址，为了避免冲突，一般都把主程序的起始地址放在 0030H 之后。

24. 模式 1：16 位的定时器/计数器。

模式 2：把 TL0(或 TL1)配置成一个可以自动重装载的 8 位定时器/计数器。

模式 3：对 T0 和 T1 大不相同。若将 T0 设置为模式 3，则 TL0 和 TH0 被分为两个相互独立的 8 位计数器。定时器 T1 无工作模式 3。

模式 0：与模式 1 几乎完全相同，唯一的差别是模式 0 中，寄存器 TL0 用 5 位，TH0 用 8 位。

25. 方式 0：同步移位寄存器输入/输出方式，常用于扩展 I/O 口。波特率固定为振荡频率的 1/12，并不受 PCON 寄存器中 SMOD 位的影响。

方式 1：用于串行发送或接收，为 10 位通用异步接口。TXD 与 RXD 分别用于发送与接收数据。收发一帧数据的格式为 1 位起始位、8 位数据位(低位在前)、1 位停止位，共 10 位。波特率由定时器 T1 的溢出率与 SMOD 值同时决定。

方式 2：用于串行发送或接收，为 11 位通用异步接口。TXD 与 RXD 分别用于发送与接收数据。收发一帧数据的格式为 1 位起始位、8 位数据位(低位在前)、1 位可编程的第 9 数据位和 1 位停止位，共 11 位。波特率取决于 PCON 中 SMOD 位的值：当 SMOD=0 时，波特率为 f_{osc} 的 1/64；当 SMOD=1 时，波特率为 f_{osc} 的 1/32。

方式 3：用于串行发送或接收，为 11 位通用异步接口。TXD 与 RXD 分别用于发送与接收数据。帧格式与方式 2 相同，波特率与方式 1 相同。

26. 键抖动会引起一次按键被误读多次。为了确保 CPU 对键的一次闭合仅进行一次处理，必须去除键抖动。在键闭合稳定时读取键的状态，并且必须判别；在键释放稳定后再进行处理。按键的抖动可用硬件或软件两种方法消除。

27. 动态扫描的原理是利用人的视觉暂留，让人觉得各位 LED 像同时点亮一样。逐位轮流点亮各个 LED，每一位保持 1 ms，在 10～20 ms 之内再一次点亮，重复不止，就可以实现动态扫描。

28. 看门狗是通过软件和硬件的方式在一定的周期内监控单片机的运行状况，如果在规定时间内没有收到来自单片机的清除信号，也就是通常说的没有及时喂狗，则系统会强制复位，以保证系统在受干扰时仍然能够维持正常的工作状态。

五、编程题

1. 程序如下：

```
              ORG     0000H
              LJMP    MAIN
              ORG     000BH
              LJMP    ONE
              ORG     001BH
              LJMP    COU
              ORG     0030H
MAIN:  MOV     P1, #0FFH
              MOV     SP, #60H
              MOV     TMOD, #01100001B
              MOV     TL0, #0B0H
              MOV     TH0, #3CH
              MOV     TL1, #0F6H
              MOV     TH1, #0F6H
```

```
            SETB    TR0
            SETB    TR1
            SETB    ET0
            SETB    ET1
            SETB    EA
            SJMP    $
ONE:    PUSH    PSW
            PUSH    ACC
            MOV     TL0, #0B0H
            MOV     TH0, #3CH
            CPL     P1.1
            POP     ACC
            POP     PSW
            RETI
COU: PUSH    PSW
            PUSH    ACC
            CPL     P1.0
            POP     ACC
            POP     PSW
            RETI
            END
```

2. 程序如下：

```
            MOV     R7, #10H
            MOV     R1, #30H
LOOP:  CJNE    @R1, #00H, NEXT
            MOV     @R1, #00H
            SJMP    NEXT1
NEXT:  DEC     @R1
NEXT1L  INC    R1
            DJNZ    R7, LOOP
            SJMP    $
            END
```

3. 程序如下：

```
            ORG     0000H
            LJMP    MAIN
            ORG     1000H
MAIN: MOV     SCON, #00H
            CLR     ES
            MOV     A, #80H
```

```
        SETB    P1.0
DELR:   MOV     SBUF, A
WAIT:   JNB     TI, WAIT
        ACALL   DELAY
        CLR     TI
        RR      A
        AJMP    DELR
        END
```

4. 程序如下:

```
        MOV     R2, #10
        MOV     DPRT, #TABLE
LOOP:   MOVX    A, @DPRT; 取数
        ORL     A, #80H; 最高位置 1
        MOVX    @DPTR, A; 写回原地址
        1NC     DPTR; 处理下一单元
        DJNZ    R2, LOOP
        RET
```

5. 程序如下:

```
        MOV     R0, #30H
        MOV     R1, #00H
        MOV     R2, #20H
LOOP:   MOV     A, @R0; 取数
        MOVX    @R1, A; 存数
        1NC     R0
        1NC     R1
        DJNZ    R2, LOOP
        RET
```

6. 程序如下:

```
        MOV     DPTR, #3000H
        MOV     R1, #30H
        MOV     R2, #0AH
LOOP:   MOVX    A, @DPTR; 取数
        MOV     @R1, A; 存数
        INC     DPTR
        INC     R1
        DJNZ    R2, LOOP
        RET
```

7. 程序如下:

```
#include<REG52.H>//片内寄存器定义
```

```
#include<absacc.h>
Void main(void)
{
    Unsigned int sum;
    Sum = DBYTE[0x30]+DBYTE[0x38];
    if((sum&0x000f) > 0x9) sum += 0x06;
        if(sum > 0x99) sum += 0x60;
            DBYTE[0x40]=sum;
            DBYTE[0x41] = (sum>>8)+DBYTE[0x31]+DBYTE[0x39];
            if(DBYTE[0x41] > 0x09) DBYTE[0x41] += 0x06;
    while(1);
}
```

8．程序如下：

```
        ORG    0000H
        SJMP   MAIN
        ORG    001BH
        AJMP   INTT1
        ORG    0030H
MAIN:   MOV    TMOD, #10H
        MOV    IE, #88H
        MOV    TH1, #0FFH
        MOV    TL1, #83H
        SETB   TR1
HERE:   SJMP   HERE
INTT1:  MOV    TH1, #0FFH
        MOV    TL1, 83H
        CPL    P1.0
        SETB   TR1
        RETI
        END
```

9．程序如下：

```
        ORG   0000H
        LJMP  START
        ORG   3H
        LJMP  INT00
START:  SETB  EA
        SETB  EX0
        CLR   IT0
        MOV   A, #1
```

```
AGAIN: MOV   P1, A
       ACALL  DELAY
       RL   A
       SJMP  AGAIN
DELAY: MOV   R1, #5
LOOP1: MOV   R2, #200
LOOP2: MOV   R3, #126
       DJNZ  R3, $
       DJNZ  R2, LOOP2
       DJNZ  R1, LOOP1
       RET
INT00: PUSH  ACC
       PUSH  1
       PUSH  2
       PUSH  3
       MOV   R4, #5
AGAIN: MOV   P1, #0FF
       ACALL  DELAY
       MOV   P1, #0
       ACALL  DELAY
       DJNZ  R4, AGAIN
       POP   3
       POP   2
       POP   1
       POP   ACC
       RETI
       END
```

10. (1) 外部扩展的程序存储器容量为 8 KB。外部扩展的数据存储器容量为 8 KB×2＝16 KB。

(2) 程序存储器 2764 地址的高 3 位：

$$A15 \quad A14 \quad A13$$
$$0 \quad\quad 0 \quad\quad 0$$

地址范围为：0000H～1FFFH。

数据存储器 1#6264 地址高 3 位：

$$A15 \quad\quad A14 \quad\quad A13$$
$$0 \quad\quad\quad 1 \quad\quad\quad 1$$

地址范围为：6000H～7FFFH。

数据存储器 2#6264 地址范围为：

$$A15 \quad\quad A14 \quad\quad A13$$

1 0 1

地址范围为：A000H~BFFFH。

(3) 程序如下：

```
        MOV     R0, #40H
        MOV     DPTR, #6000H      ；设置数据指针为 6000H
LOOP:   MOV     A, @R0            ；将片内 RAM(40~4FH)中的内容送入 A 中
        MOVX    @DPTR, A          ；将 A→@DPTR 中
        INC     R0
        INC     DPTR
        CJNE    R0, #50H, LOOP    ；将此子程序循环执行 16 次
        RET
```

11．程序如下：

```
        ORG     0000H
        LJMP    MAIN
        ORG     000BH
        LJMP    ONE
        ORG     0030H
MAIN:   MOV     P1, #0FFH
        MOV     SP, #60H
        MOV     R7, #0
        MOV     TMOD, #01H
        MOV     TL0, #0B0H
        MOV     TH0, #3CH
        SETB    TR0
        SETB    ET0
        CLR     PT0
        SETB    EA
        LJMP    $
ONE:    PUSH    PSW
        PUSH    ACC
        INC     R7
        CJNE    R7, #20, LOOP
        MOV     R7, #0
        CPL     P1.0
LOOP:   MOV     TL0, #0B0H
        MOV     TH0, #3CH
        POP     ACC
        POP     PSW
        RETI
```

```
            END
12. 程序如下：
            MOV R0, #TABLE
            MOV R2, #8
            MOV R4, #0
LOOP1: MOV A, @R0
            _ADDC    A, R4_____
            MOV R4, A
            INC R0
            DJNZ R2, LOOP1
            MOV B, #8
            _DIV    AB
            _____    RET
```

参 考 文 献

[1] 宋晓宇. 基于单片机控制的酒精浓度检测系统的设计[J]. 传感器世界，2017(08).

[2] 李玉兰. 基于单片机控制的点钞机系统设计[J]. 无线互联科技，2017(23).

[3] 邓洁虹、汤清源、魏峰. 基于检定距离调节的照度计智能检定系统研制[J]. 自动化与信息工程，2018(04).

[4] 严冬. 基于单片机的太阳能热水器自动上水系统设计[J]. 电脑知识与技术，2017(32).

[5] 杨文杰. 基于单片机的太阳能路灯照明控制系统设计[J]. 化工设计通讯，2016(08).

[6] 廖应生，任晓丹. 基于单片机的汽车空调控制器检测系统设计[J]. 木工机床，2016(04).

[7] 魏春英，秦飞舟. 基于单片机的家用料理机的设计[J]. 数码设计，2017(06).

[8] 王娜，时磊. 一种智能火灾报警系统的设计[J]. 南方农机，2019(23).

[9] 马巧梅. 基于 51 单片机的汽车预警系统的设计与实现[J]. 自动化技术与应用，2017(11).

[10] 孙德鑫. 车道偏离预警系统的研究[J]. 时代汽车，2018(10).

[11] 刘绍丽、王献合. 基于 STM32 单片机的智能温度控制系统的设计[J]. 电子测试，2018(21).

[12] 李坤. 智能停车场车位检测系统设计与实现[J]. 长江大学学报(自然科学版)，2014(34).

[13] 任肖丽. 基于 STM32 的门禁控制系统设计[J]. 电子技术与软件工程，2019(21).

[14] 李渊渊，赵婧. 基于单片机的智能窗户控制系统的设计[J]. 建材与装饰，2020(01).

[15] 王磊，郑琳. 家用台灯无线控制系统的设计与实现[J]. 农村实用技术，2019(06).

[16] 肖堃. 嵌入式系统安全可信运行环境研究[D]. 成都：电子科技大学，2019.

[17] 赵国冬. 安全嵌入式系统体系结构研究与设计[D]. 哈尔滨：哈尔滨工程大学，2006.

[18] 陈昊. 高可信嵌入式系统软件的关键技术研究[D]. 成都：电子科技大学，2018.

[19] 周骅. 嵌入式系统可信计算的硬件安全机制研究[D]. 贵州：贵州大学，2015.